高职高专网络技术项目化系列教材

Java Web 动态网站技术

主 编 温 颖

参 编 李新辉 赵文明

杨 森 周 昕

U0277576

ZHEJIANG UNIVERSITY PRESS
浙江大学出版社

图书在版编目(CIP)数据

Java Web 动态网站技术 / 温颖主编. —杭州:浙
江大学出版社,2012.7(2019.7 重印)
 ISBN 978-7-308-10214-8

Ⅰ.①J… Ⅱ.①温… Ⅲ.JAVA 语言—网页制作工
具 Ⅳ.①TP312②TP393.092

中国版本图书馆 CIP 数据核字(2012)第 144844 号

Java Web 动态网站技术

温　颖　主编

责任编辑	石国华	
封面设计	刘依群	
出版发行	浙江大学出版社	
	(杭州天目山路 148 号　邮政编码 310007)	
	(网址:http://www.zjupress.com)	
排　　版	杭州星云光电图文制作有限公司	
印　　刷	虎彩印艺股份有限公司	
开　　本	787mm×1092mm　1/16	
印　　张	13.75	
字　　数	343 千	
版 印 次	2012 年 7 月第 1 版　2019 年 7 月第 2 次印刷	
书　　号	ISBN 978-7-308-10214-8	
定　　价	38.00 元	

前　　言

随着互联网的普及和推广,Web 开发技术迅速发展,对 Web 应用程序开发人员的需求也越来越多。Java Web 技术已成为 Web 应用开发的主流技术之一。

本课程是学完网页设计、Java 语言编程基础、数据库原理等课程后开设的。本课程的后继课程是 JSP 项目实践和 J2EE 综合项目开发。

本课程以"网上书店"为例,采用项目教学法,按工作任务驱动的方式,讲解如何应用 Java Web 技术开发动态网站的原理、基本方法及步骤,学完该课程后,学生能利用 JSP 技术独立完成一个完整动态网站的设计及开发工作。

为达到"能利用 JSP 技术独立完成一个完整动态网站的设计及开发工作"的教学目标,全书分为项目介绍、基本知识、环境搭建、网站编码、用户留言板开发、常用组件的使用、JSP 标准标签库的使用及网站维护与推广 8 个部分。每个部分由不同数量的项目组成,每个项目下又分为若干个工作任务,课程围绕任务展开。为将专业知识讲解、职业技能训练、综合能力提高进行有机结合,每个任务又分"任务目标"、"任务描述"、"理论知识"、"操作演示"、"要点小结"、"课外拓展"的顺序进行,符合高职学生的认知规律和职业技能的形成规律,适用于项目教学或理论、实践一体化教学,学做合一,强化技能训练,提高实战能力,通过反复动手的实践过程,学会如何应用所学知识来解决实际问题。

本教材采用纯粹 JSP 技术、"JSP + JavaBean"技术、"JSP + JavaBean + Servlet"技术的顺序来组织。

项目一"初识动态网站"分为 2 个任务,任务 1 介绍了"网上书店"网站的主要功能及业务流程;任务 2 介绍了静态网站和动态网站的区别,B/S 和 C/S 模式及动态网站开发技术等基本知识。

项目二"网站动态首页的建立"介绍了 Java Web 动态网站开发所需的环境搭建、开发工具 MyEclipse 的安装及 JSP 语法。

项目三至项目五内容包括:"网上书店"网站的实现,按用户登录与注册、书籍管理、书籍购买三个功能模块展开,每个模块内分为不同的任务,最终完成一个完整的网站系统。

项目六利用"JSP + JavaBean + Servlet"技术实现一个用户留言板功能,目的是熟悉 MVC 开发模式。此外,在留言板的设计与开发过程中能够结合介绍软件工程相关知识,如软件生命周期、各阶段主要软件文档的写法、面向对象的设计和分析方法等,为后继课程 J2EE 框架技术及综合项目开发打下基础。

项目七为一些制作动态网站需要的常用功能而设,丰富软件功能,提高学习兴趣,更好适应软件开发人员的技能要求。

项目八"JSP 标准标签库的使用"介绍了 JSP 标准标签库中常用的标签使用方法,为后继课程学习 Struts 框架技术中 Struts 标签提供参照和对比。

项目九"网上书店网站发布"介绍了动态网站开发完成后的网站发布和维护知识,完整介绍一个网站从设计、开发到正式推广使用的过程。

本教材由温颖主编，李新辉、赵文明、杨森、周昕老师参与了部分工作。在本书编写过程中来自企业的软件设计工程师曹斌、软件开发工程师沈道林提供了很多案例，并对本书的编写大纲提出了宝贵的建议；在编写过程中还参考了国内外有关网站 Web 开发的文献。在此一并表示感谢。

教材中的全部源代码都经过调试，在 Windows XP 操作系统下全部测试通过，能够正常运行。

由于编者水平有限，加之时间仓促，难免有不妥和疏漏之处，敬请各位读者提出宝贵意见。

编　者

2011 年 2 月

目　　录

项目一　初识动态网站

任务1　项目介绍

随着互联网的发展,网上书店越来越为人们所关注。通过网上书店,人们可以足不出户就选购自己所需的图书。网上书店是根据企业的实际需求,应用动态网页技术开发而成的。该系统主要由前台信息发布网站和后台管理维护系统两部分构成;在支持整个网站的运作功能的基础上,能帮助用户对前台网站进行日常管理和信息发布;并具有占用系统资源少、信息量大、站点维护方便、便于扩充和更新、易于继承和保护历史数据等优点。该系统可以克服传统图书销售中地域、广告宣传、人力资源不足等限制,能很好地满足网上销售需求。

本部分介绍本次课程采用的“网上书店”网站的功能需求和主要工作流程。

1. 系统功能分析

该系统用于实现一个基于 Web 的书店系统。系统的业务流程和现实中去书店购书一样,进入书店,选书,然后去结账,离开书店。

使用该系统的人分为两个角色:一个是普通用户,主要是通过系统在线选择要购买的书籍并提交订单;另一个是管理员,主要是通过系统对用户、订单及图书信息进行管理。

(1)用户购书系统

用户购书系统是供用户使用的。用户通过它可以完成注册、登录和购书等功能。

(2)管理员管理系统

管理员管理系统是供管理员使用的。管理员通过它可以对用户订单、注册用户和图书信息等进行管理。

2. 网站栏目设计

根据系统功能分析,网上书店这个网站可以分为以下几个栏目:

(1)用户登录

作为一个电子商务网站,涉及买卖交易,应有明确的客户信息,因此凡是要进入购买流程的客户,必须首先要登录,以此系统可以获取到他的身份信息。

(2)用户注册

既然有登录功能,就应相应地提供一个用户账号的注册功能,以便用户将他的身份信息提交给系统。

(3)修改密码

为了安全起见,用户登录密码应提供修改功能。

(4)查看订单

用户能查看自己已经买过哪些书籍。

(5)我的购物车

这是整个网站的核心功能,购物车是用户在购物过程中存放书籍用的,可以将想买的书籍放入购物车,也可以将不想要的书从购物车中拿走,甚至可以清空购物车,整个过程就和我们去书店买书一样方便。

(6)离开书店

登录后可以进行身份注销,如对同一台电脑来说,可以换一个用户账号登录,开始新的购书环节。

(7)管理功能

和实体书店一样,对书籍有补货、下架、统计销售情况等操作,那么作为网站也同样有这些基本要求,这个信息维护功能将由网站的系统管理员来操作,主要包括:书籍的添加、删除、修改、订单的查看、注册用户的管理等。

3.首页布局设计

图 1.1　网上书店首页

　　图 1.1 为网上书店网站的首页。网站的首页十分重要,要体现网站的核心功能和吸引别人的眼球。网上书店的首页设计原则应该是简洁明了、操作简便。页面的上部显示了书籍种类和模糊查询功能,左边是用户登录和操作菜单,右边是书籍的介绍。每本书,都有购买按钮,方便用户购买。此外,为了美观和操作方便,网站首页不可以拉得很长,但网站又不止只有 6 本书可卖,所以此处还要提供翻页功能,通过翻页用户可以浏览所有的书籍,操作十分人性化。

　　4.网站主要页面设计

　　除了首页以外,"网上书店"网站的主要页面设计如下:

　　(1)用户登录及注册页面(见图 1.2 和图 1.3)

图 1.2　用户登录页面

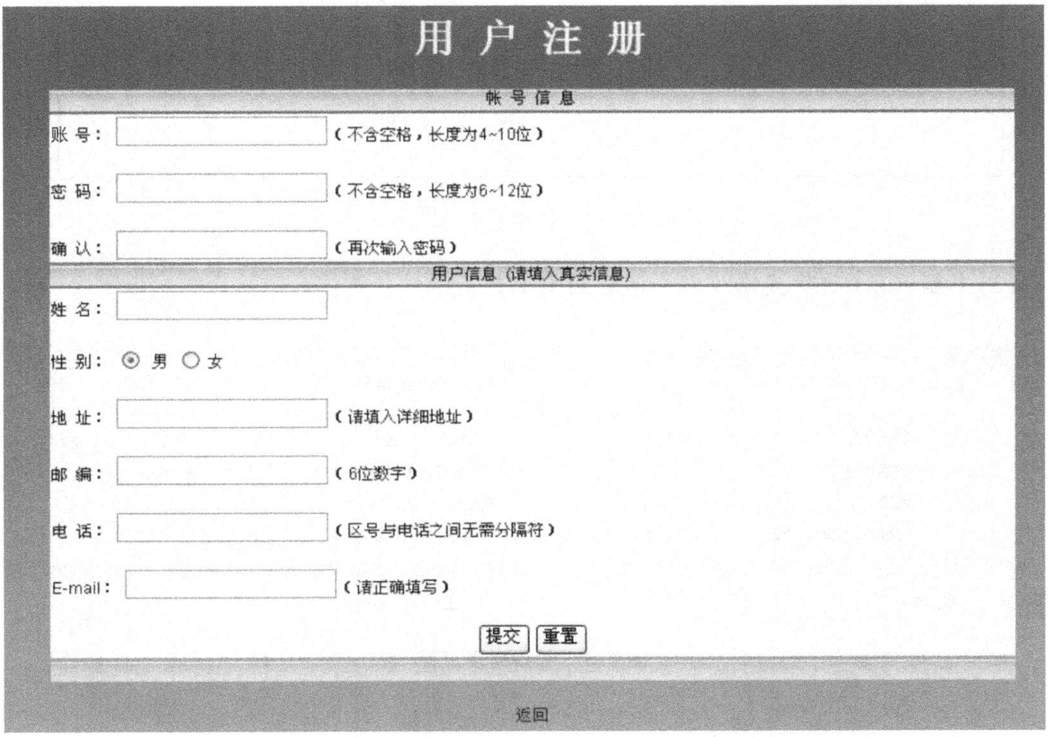

图 1.3　用户注册页面

（2）查看书籍的详细信息并对该书发表评论（见图 1.4）

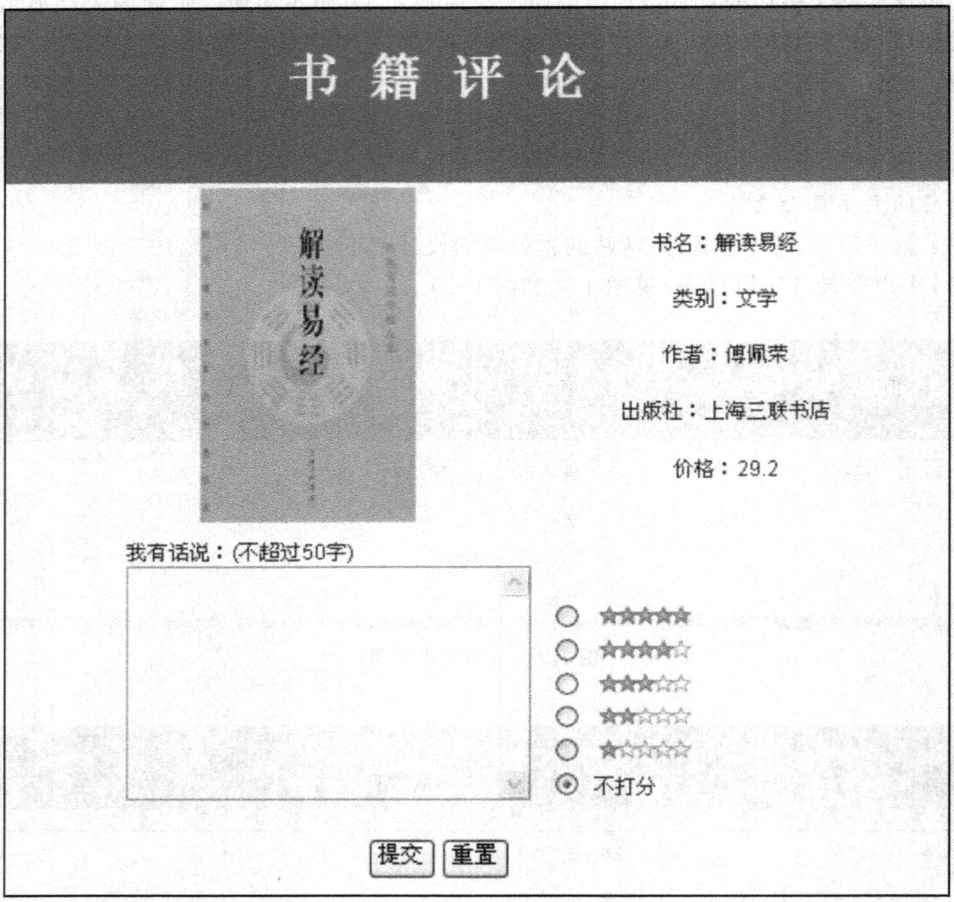

图 1.4　书籍评论页面

（3）书籍列表（删除或修改书籍信息如图 1.5 所示）

删除	ID	书名	作者	出版社	类别	单价	推荐
☐	0001	解读易经	傅佩荣	上海三联书店	文学	￥29.2	yes
☐	0002	盗墓笔记.8	南派三叔	上海文化出版社	文学	￥14.2	yes
☐	0003	凤隐天下	月出云	江苏文艺出版社	文学	￥32.4	yes
☐	0004	左脚向前 再度印度	吴志伟	中国轻工业出版社	宗教	￥31.2	yes

删除　添加图书　　　　　　　　上一页/下一页

图 1.5　书籍列表页面

（4）书籍信息维护页面（见图1.6）

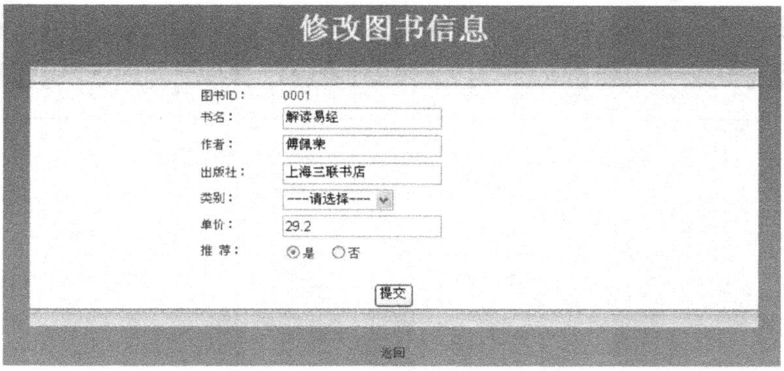

图1.6　书籍信息维护页面

（5）购物车页面（见图1.7）

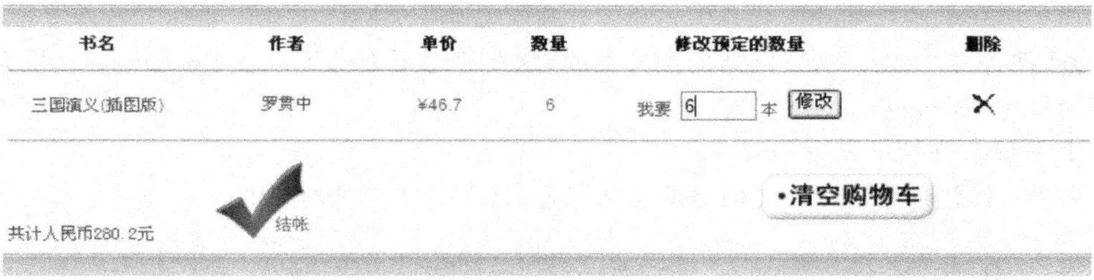

图1.7　购物车页面

（6）查看历史订单

订单一旦提交就变成了历史订单，如图1.8所示为后台管理员看到的所有订单信息。

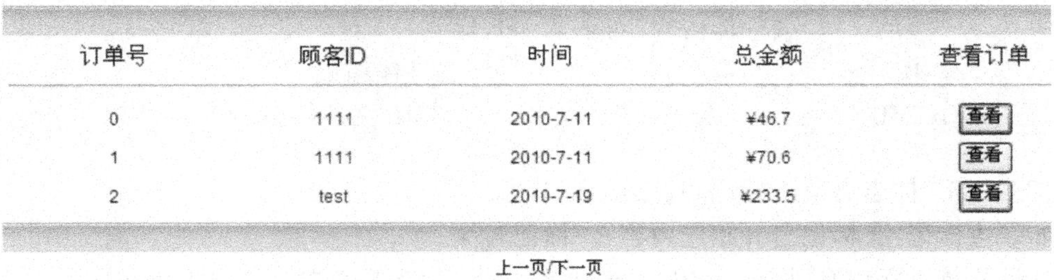

订单号	顾客ID	时间	总金额	查看订单
0	1111	2010-7-11	¥46.7	查看
1	1111	2010-7-11	¥70.6	查看
2	test	2010-7-19	¥233.5	查看

上一页/下一页

图1.8　历史订单页面

点击图1.7界面中某一订单的"查看"，用来显示该订单的详细信息，如图1.9所示。

书名	作者	出版社	单价	数量	共计
三国演义(插图版)	罗贯中	少年儿童出版社	¥46.7	5	¥233.5

图1.9　订单详细信息页面

（7）修改密码页面（见图 1.10）

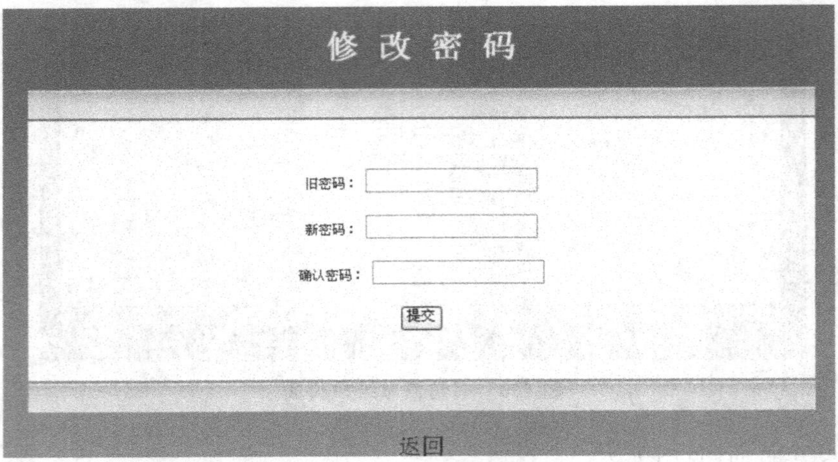

图 1.10　修改密码页面

以上列举了"网上书店"网站的主要页面,这些静态页面都可以在 Dreamweaver 里完成。

5. HTML 基础知识

（1）HTML 文档的基本格式

说明一个文档是 HTML 文档的重要标志是 < HTML > 　 </HTML >。

```
< HTML >                        HTML 文件开始
< HEAD >                        文件头开始
            文件头内容
</HEAD >                        文件头结束
< BODY >                        文件体开始
            文件体内容(可嵌入 JSP 代码)
</BODY >                        文件体结束
</HTML >                        HTML 文件结束
```

（2）HTML 标志有单边标记和双边标记两种。

如双边标记:< 标记名 >相应内容 </标记名 >。

常见的单边标记有:换行 < BR >、横线 < HR >、输入型表单 < INPUT >……

常见的双边标记有:

文件主题 < TITLE > </TITLE >　　　　　　文头 < HEAD > </HEAD >

文体 < BODY > </BODY >　　　　　　　　2 号标题 < H2 > </H2 >

超级链接 < A > </A >　　　　　　　　　段落标记 < P > </P >

注释标记 < !　– –注释信息 – – >　　　　………

（3）CSS 的定义

CSS 就是 Cascading Style Sheet 的简称,中文译为层叠样式表。它是万维网联盟 W3C 为了统一 WWW 网上的样式而制定的标准。CSS 允许网页设计者自定义网页元素的样式,包括字体、颜色及其他的高级样式。

W3C 公布的样式表有三种:外部样式表、嵌入式样式表和内联式样式表。

三种样式表中,内联式的层次最高,外部的层次最低。

①外部样式表:以 CSS 为扩展名的文件(又称为"超文本样式表"文件),它的作用范围可以是多张网页,或整个网站,甚至不同的网站。

②嵌入式样式表:将风格直接定义在文档头之间,而不是形成文件。这种风格定义产生作用的范围也只局限于本文件。

③内联式样式表:在 HTML 文档中,内联式样式表的格式化信息直接插入所应用的网页元素的 HTML 标签中,作为其 HTML 标签的属性参数。严格地说,内联样式表称不上表,仅仅是一条 HTML 标记。

CSS 只是与网页样式有关,并不涉及网页功能。因此,如果对 CSS 不熟悉也没有关系,只需照抄别人的代码或者去网上下载别人的 CSS 文件,然后用到自己的网页中,这并不影响对 JSP 的学习。

(4)使用框架设计网页

框架是 Internet 网页中最常使用的页面设计方式,大约有 80% 以上的网站首页都采用了框架技术。在 Dreamweaver 中,可以通过框架将一个浏览器窗口划分为多个区域,每个区域都可以单独地显示 HTML 网页文档。

一般来说,框架(Frames)技术主要是通过两种类型的元素来实现的:

①框架集(Frameset);

②框架(Frame)。

Frames,一般称为框架技术;Frame,称为框架;而 Frameset,称为框架集,是由若干个框架组成的一个集合。对框架集和框架下一个定义:

框架集:框架集是在一个网页文档内定义了一组框架结构的 HTML 网页,定义了网页显示的框架数量、框架的大小、载入框架的网页源等属性。

框架:框架是浏览器中的一个区域,可以显示与浏览器窗口的其余部分中所显示内容无关的 HTML 文档。

在网页中插入框架的方法有很多,介绍一种最常用的方法:在创建新的 HTML 文档时就插入框架。下面以 Dreamweaver8 为例。

启动 Dreamweaver8,使用"从范例创建"的"框架集"选项,然后在"框架集"区域中选用框架集类型,在右侧的"预览"窗口中能够看到所选框架集的布局效果,如图 1.11 所示。

点击"创建"后,出现一个框架集页面,查看代码,分别修改 topFrame、leftFrame、main-Frame 三个框架的 src 所指向的页面,把事先做好的三个页面组合在一起。如:

```
< frameset rows = "80, * " cols = " * " frameborder = " no" border = " 0" framespacing = " 0" >
    < framesrc = " top. html" name = " topFrame" scrolling = " No" noresize = " noresize" id =
" topFrame" title = " topFrame" / >
    < frameset rows = " * " cols = "127, * " framespacing = "0" frameborder = " no" border = " 0" >
    < frame src = " left. html" name = " leftFrame" scrolling = " No" noresize = " noresize" id =
" leftFrame" title = " leftFrame" / >
```

```
< frame src = " main. html" name = " mainFrame" id = " mainFrame" title = " mainFrame" / >
</ frameset >
</ frameset >
```

这样,top. html、left. html、main. html 这三个页面就组合在一个页面了。

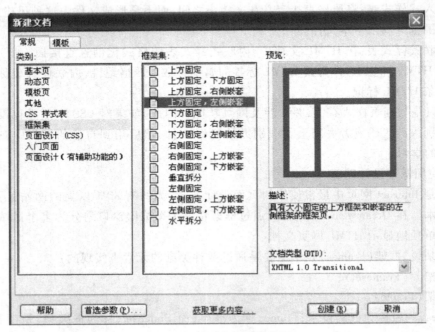

图 1.11 框架集的布局效果

预览结果如图 1.12。

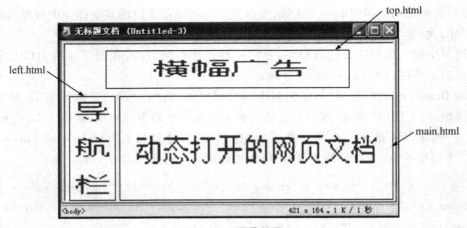

图 1.12 预览结果

任务2 基本知识

本部分作为静态网页到动态网站的过渡,主要讲解动态网站的基本知识。

【**学习目标**】

1. 了解 B/S 与 C/S 模式。

2. 了解静态网站和动态网站的概念。

3. 了解动态网站开发技术。

【**理论知识**】

1. 什么是 Web,什么是网站

Web 是存储在 Internet 计算机中、数量巨大的文档的集合。这些文档称为页面,它是一种超文本(Hypertext)信息,可以用于描述超媒体。文本、图形、视频、音频等多媒体称为超媒体(Hypermedia)。

Web 页面就是我们在浏览器里看到的网页,它被组织在一个文件中,文件的位置在浏览器的地址栏中采用 URL 规则指定。

若干个网页按一定方式连接起来形成一个整体,用来描述一组完整的信息。这样一组存放在网络服务器上具有共同主题的相关联的网页组成的资源称为网站。而使其连接在一起的是超链接(Hyperlink)。

网站的网页总是由一个主页和若干个其他网页组成。主页也可以认为是网站的门面。

2. B/S 与 C/S 模式

B/S 是浏览器/服务器模式,该模式下,将程序在服务器装好后,其他人只需要用浏览器(比如 IE)就可以正常使用或浏览。

一个 Web 应用(Web Application)就是典型的 B/S 模式。Internet 上有很多种类型的 Web 应用,例如搜索引擎、在线商店、新闻站点、论坛、在线游戏等。Web 应用就是指响应用户请求而生成的一些 Web 页面(Web Pages)。在 Web 方式下客户端常用浏览器访问服务器。客户机向服务器发送请求,要求执行某项任务,而服务器执行此项任务,并向客户机返回响应。如图 1.13 所示。

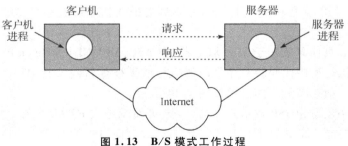

图 1.13 B/S 模式工作过程

C/S 是客户端/服务端模式,服务器装好后,其他人还需要在客户端的电脑上安装专用的软件才能正常浏览操作。如 Jave 桌面应用、网络游戏等。

3. 静态网站

静态网站一般具有以下特点:网站的页面内容固定,不会根据浏览者的要求而改变、运行在客户端(本地机器的浏览器)。修改和更新都必须要通过专用的网页制作工具,比如Dreamweaver,Frontpage 等,而且只要修改了网页中的一个字符或一个图片都要重新上传一次覆盖原来的页面。

静态网站的 Web 页面是标准的 HTML 文件,文件后缀名是. htm,. html,. xml,. shtml。在网页中可以嵌入文本、图形、音频和视频信息,是一种多媒体作品。

HTML 是 Web 浏览器把 Web 应用程序中的 Web 页面转换成用户界面的一种语言。使用 HTML 语言编写的 Web 页大部分都是一些静态的 Web 页面,每次显示的结果都是一样的,换句话说,这些页面不会根据用户的请求而改变。

HTML 本身只能描述静态 Web 页面,但在 HTML 中可以嵌入 Java, JavaScript, ActiveX,VB Script, VRML 等语言,可以完成非常复杂的任务。但这些都在客户端(本地机器的浏览器)执行。

4. 动态网站

和静态 Web 页面相比,动态网页通过脚本将网站内容动态存储到数据库,用户访问网站是通过读取数据库来动态生成网页的方法。网站上主要是一些框架基础,网页的内容大都存储在数据库中。当然可以利用一定的技术使动态网页内容生成静态网页,这样有利于网站的优化,方便搜索引擎搜索。

动态的 Web 页(Dynamic Web Page)根据发送到 Web 应用的参数会动态地改变其内容。例如我们去访问当当网的购物车程序,当用户点击"购买"按钮,就会把一个参数(所购买产品的标识)发送给 Web 应用程序,然后 Web 应用程序会根据发送来的参数生成 HTML 页面,再把生成的页面送回给客户端的浏览器。

因此,动态网页具有如下特点:

(1)交互性:网页会根据用户的要求和选择而动态改变和响应。

(2)自动更新:无须手工更新 HTML 文档,便会自动生成新的页面,可以大大减少工作量。

(3)因时因人而变:当不同的时间、不同的人访问同一网址时会产生不同的页面。

常用的动态网页交互技术有 ASP、ASP. NET、JSP、PHP。它们都提供在 HTML 代码中混合某种程序代码、由语言引擎解释执行程序代码的功能。

在 ASP、PHP、JSP 环境下,HTML 代码主要负责描述信息的显示样式,而程序代码则用来描述处理逻辑。

普通的 HTML 页面只依赖于 Web 服务器,而 ASP、ASP. NET、PHP、JSP 页面需要附加的语言引擎分析和执行程序代码。程序代码的执行结果被重新嵌入到 HTML 代码中,然后一起发送给浏览器。动态网页工作过程如图 1.14 所示。

Java Web 应用就是由 JSP 技术开发的。JSP 页面就是在 HTML 页面中加入 Java 代码来实现网页的动态功能。Java Web 应用由一组 HTML 页面、JSP 页面、类、Servlet(一种Java类)及其他可以绑定的资源构成,它可以在实现 Servlet 规范的 Web 应用容器中运行(引自 Sun的 Java Servlet 规范)。

图 1.14　动态网页工作过程

【要点总结】

1. 静态网页和动态网页的区别

静态网页,可以粗略地理解为,只有 HTML 语言的网页就是静态网页,是没有后台数据库、不含程序和不可交互的网页;动态网页,就是由编程语言(如 ASP、PHP、JSP 等)实现的交互式的网页。交互式就是用户可以与服务器进行对话的,例如论坛,聊天室等。我们本次课程采用的编程语言是 JSP(用 Java 语言作为脚本语言的一种动态网页技术)。

静态网页是网站建设的基础,静态网页和动态网页之间并不矛盾,为了网站适应搜索引擎检索的需要,即使采用动态网站技术,也可以将网页内容转化为静态网页发布。

2. B/S 与 C/S 模式

B/S 是浏览器/服务器模式。该模式下,将程序在服务器装好后,其他人只需要用浏览器(比如 IE)就可以正常使用或浏览。

C/S 是客户端/服务端模式。该模式下,服务器装好后,其他人还需要在客户端的电脑上安装专用的客户端软件才能正常浏览操作。

3. 动态网站开发技术

常用的动态网页交互技术有 ASP、ASP. NET、JSP、PHP。它们都提供在 HTML 代码中混合某种程序代码、由语言引擎解释执行程序代码的能力。

【课外拓展】

网上查找相关动态网页技术资料,对比各种技术的优缺点。

项目二　网站动态首页的建立

运行一个静态网页,直接在浏览器里打开这个文件即可,那是因为网页中的代码都是浏览器直接可以解释的,而动态网页就不同了,它里面有一些动态代码和 JSP 元素,这些符号浏览器无法解释,另外需要安装服务器和解释引擎。我们采用 JSP 技术来开发动态网站,需要安装解释引擎 JDK 和服务器 Tomcat。其中 JDK 是运行和编译 Java 代码所需要的,Tomcat 是 Web 服务器,主要是用户访问的时候能够提供响应服务。

此外,制作一个动态网站,还需要安装一些开发工具,如 Java Web 集成开发工具 MyEclipse、网页制作工具 Dreamweaver、图片处理工具 PS 等。

本部分将通过完成"网上书店动态首页的建立"这个项目,掌握如何搭建 JSP 网站的运行和开发环境。

任务 1　JDK 的安装及配置

【任务目标】

掌握 JDK 的下载、安装及配置。

【任务描述】

下载、安装和配置 JDK。

【理论知识】

在我们本次动态网站的开发中,Web 开发的后台语言是 Java 语言,Java 语言的基本开发工具是 SUN 公司免费提供的 JDK,它包含了开发中需要的一些基本功能,例如编译、运行 Java 程序等,因此,要想 Web 程序能正常运行,JDK 是必须安装的。

JDK 的版本比较多,如果需要获得 JDK 最新版本,可以到 SUN 公司的官方网站上进行下载,下载地址为:http://www.oracle.com/technetwork/java/javase/downloads/index.html,下载最新版本的"JDK 6 Update 6",选择对应的操作系统,以及使用的语言即可。

其实如果不需要安装 JDK 最新版本的话,也可以在国内主流的下载站点下载 JDK 的安装程序,只是这些程序的版本可能稍微老一些,这些对于初学者来说其实问题不大。课程中安装的是 JDK1.5 的版本(jdk-1_5_0_12-windows-i586-p.exe)。

【实训演示】

1. 下载 JDK。

2. 安装 JDK，假设安装在 d：\jdk1.5，此过程略。

3. 设置环境变量 JAVA_HOME：

（1）用鼠标右键单击"我的电脑"，选择"属性→高级→环境变量"；

（2）单击"系统变量→新建"按钮，依次新建变量名和对应变量值内容如下：

```
CLASSPATH = .\;d：\jdk1.5\lib\tools.jar;d：\jdk1.5\lib\dt.jar;d：\jdk1.5\jre\lib
JAVA_HOME = d：\jdk1.5
Path = d：\jdk1.5\bin
```

说明：JAVA_HOME 为 JDK 安装的主目录；Path 为在原来的 path 前面包含 Java 编译器和运行程序；CLASSPATH 为包含 JDK 的类库，如图 2.1 所示。

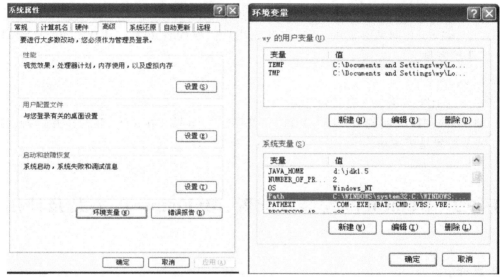

图 2.1　环境变量设置

4. 检测 JDK 是否安装成功。

（1）打开记事本，将以下代码写入，并保存成 FirstJavaPrg.Java，放在 d：\test 目录下。

```
class FirstJavaPrg
{
    public static void main(String args[])
        {
            System.out.print("This is a Java Example!");
        }
}
```

（2）点击"开始菜单"选择"运行按钮"，在弹出对话框中输入"cmd"命令，打开一个 DOS 窗口。键入以下命令，如图 2.2 所示。

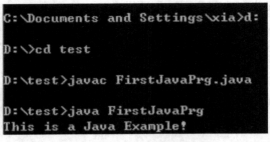

图 2.2 DOS 命令窗口

在 DOS 窗口中，javac 是编译命令，将 FirstJavaPrg.Java 编译成 FirstJavaPrg.class 文件，Java 则用来运行编译完的 Java 类文件，如果运行正常，则说明 JDK 安装成功了。

【要点小结】

JDK 是运行 JSP 网站必需的，JDK 安装完成后需要配置 JAVA_HOME，CLASSPATH，PATH 等环境变量。

【课外拓展】

1.安装完 JDK 后为什么要设置环境变量？

2.编写 Java 程序，实现 1～100 求和，并打印输出结果。在 DOS 下编译并运行，测试 JDK 安装及配置是否成功。

任务2　Tomcat 的安装及配置、MyEclipse 的安装及使用

【任务目标】

掌握 Tomcat 的下载、安装及配置、MyEclipse 的安装及使用

【任务描述】

学会下载、安装和配置 Tomcat、学会安装和使用 MyEclipse

【理论知识】

1. 什么是 Tomcat

Tomcat 是 Web 服务器，免费的开源的 Serlvet 容器，它是 Apache 基金会的 Jakarta 项目中的一个核心项目，由 Apache，Sun 和其他一些公司及个人共同开发而成。由于有了 Sun 的参与和支持，最新的 Servlet 和 JSP 规范总能在 Tomcat 中得到体现。

安装完 Tomcat 后，在 Tomcat 的安装目录有以下子目录：

bin:包含有 Startup.bat(启动服务器)与 shutdown.bat(关闭服务器)文件

conf:配置文件目录；

common:在其 lib 目录下,主要存放如 JDBC 的驱动程序等;

logs:Tomcat 的日志文件;

webapps:包含 Web 应用的程序(JSP、Servlet 和 JavaBean 等);

work:由 Tomcat 自动生成,JSP 对应的 Servlet 存放目录。

2.什么是 MyEclipse

MyEclipse 是一种集成开发环境。集成开发环境是指将程序设计需要的很多功能,例如代码编辑、代码调试、程序编译、程序部署等一系列功能都整合到一个程序内部,方便程序开发,并提高实际的开发效率,简化了程序设计中的很多操作。

Java 语言的集成开发环境很多,常见的有 Eclipse、JBuilder、NetBeans 等。由于实际开发中,基本都是使用集成开发环境进行开发,所以在学习中必须熟练掌握该类工具的使用。一般集成开发环境的使用都很类似,在学习时只要熟练掌握了其中一个工具的使用,其他工具学习起来也很简单。

MyEclipse 可以算是 Eclipse 的一个插件,但比 Eclipse 多了很多功能。

【实训演示】

1.安装 Tomcat

Tomcat 版本较多,有些版本无需安装,直接解压缩到某个目录即可,如本课程中采用的 Tomcat 6.0,可解压缩到 D:\stucts + hibernate\apache-Tomcat-6.0.18\apache-Tomcat-6.0.18 目录里。而有些版本有一个 exe 安装文件,需要安装。下面以 apache-Tomcat-5.5.28.exe 为例演示 Tomcat 的安装过程。

(1)双击 apache-Tomcat-5.5.28.exe,出现如图 2.3,安装欢迎页。

图 2.3 Tomcat 安装欢迎页

（2）单击"Next"，出现如图 2.4，告知一些 License 信息。

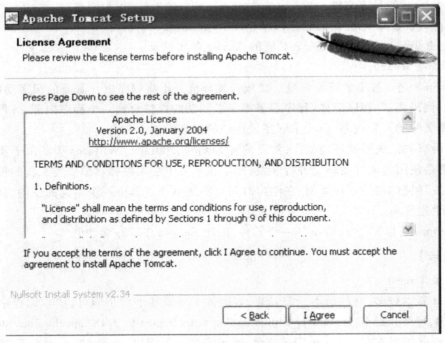

图 2.4　Tomcat 安装页面

（3）单击"I Agree"，出现如图 2.5，勾选安装内容。

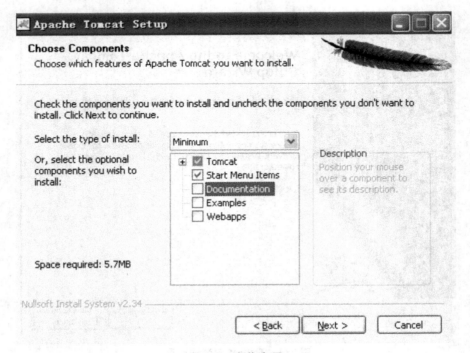

图 2.5　安装选项

（4）单击"Next"，出现如图 2.6，此处可以修改安装路径。

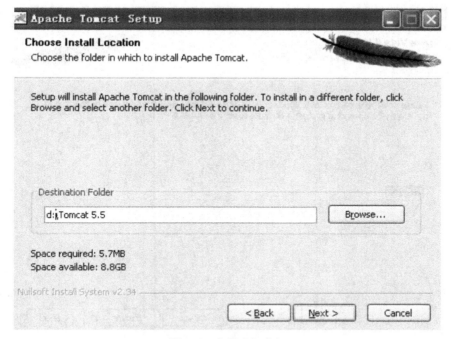

图 2.6　安装路径选择

（5）修改 Tomcat 的安装路径为"d：\Tomcat 5.5"，单击"Next"，出现如图 2.7，设置管理员密码（可以不设置）。

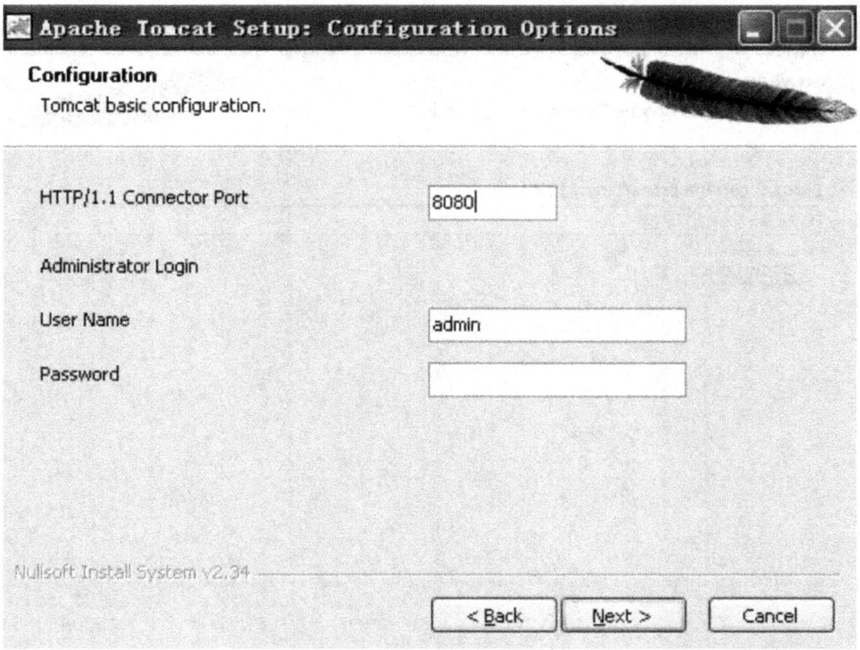

图 2.7　设置管理员密码

(6)不改变默认设置,直接单击"Next",出现如图 2.8,选择 JRE 的安装目录。

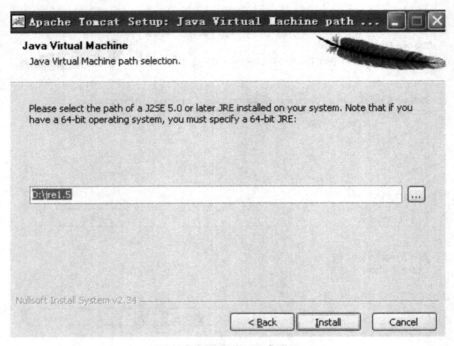

图 2.8 选择 JRE 的安装录

(7)选择 JRE 安装路径(之前安装 JRE 的安装路径),注意 JRE 不是 JDK。单击"Install",出现如图 2.9 安装进程。

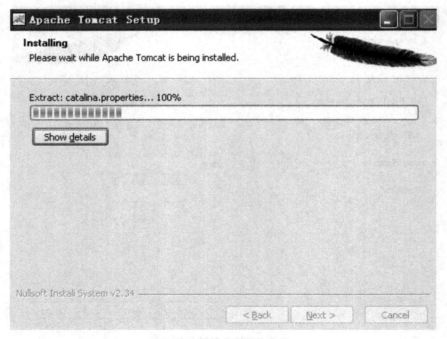

图 2.9 Tomcat 安装进程

（8）安装完成出现如图 2.10 所示界面，单击"Finish"，即完成了 Tomcat 的安装。

图 2.10　安装完成页

（9）点击"Finish"之后，计算机随即启动了刚安装成功的 Tomcat 服务器，如图 2.11 显示了 Tomcat 的启动过程。

图 2.11　Tomcat 启动

启动完成后，在 Windows 工具栏的右下角，可以看到这样一个图标 ，表示 Tomcat 服务器已处于启动状态，双击此图标，出现如图 2.12 的 Tomcat 服务器管理页面。

可以点击图 2.12 的中"Stop"，停止 Tomcat 服务器，图标变为 。单击"Start"，启动 Tomcat 服务器。

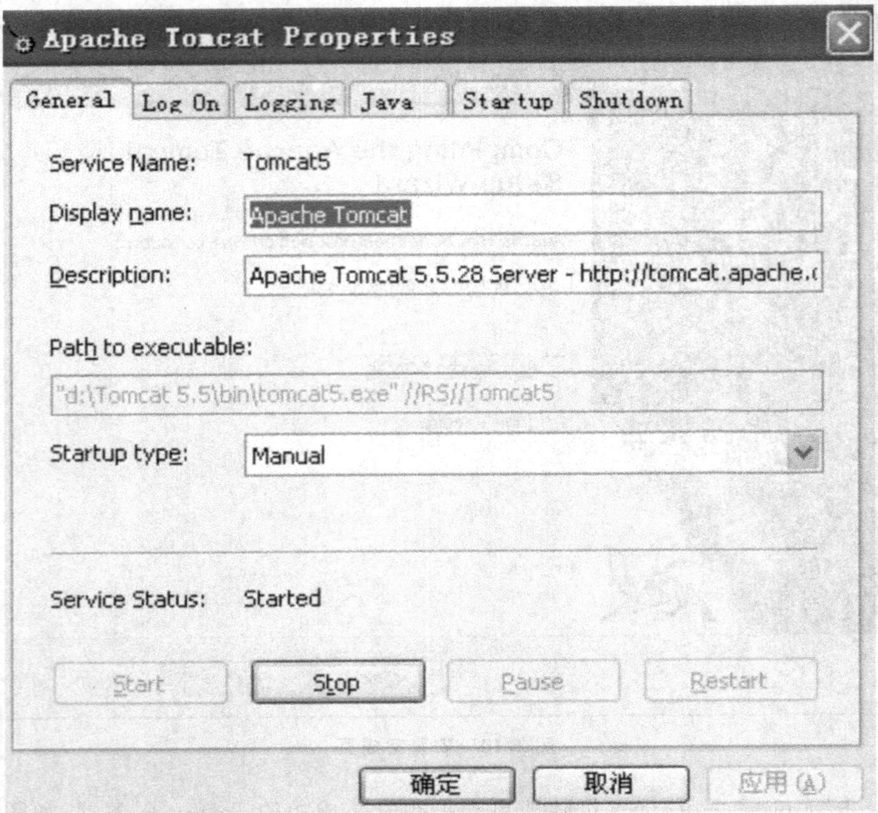

图 2.12　Tomcat 服务器管理页面

Tomcat 的路径为"d:\Tomcat 5.5",端口采用系统默认的"8080"端口。注意:如果用户安装了 IIS 等其他的服务器,默认的端口是"80"。为了避免冲突,Tomcat 尽量不要使用"80"端口。

(10)安装完 Tomcat 后,需要按照项目一任务 1 所示的方法创建系统变量。

在变量名中输入"TOMCAT_HOME",对应的变量值中输入"d:\Tomcat5.5",然后点击确定。注意:对于 Tomcat 的其他设置,没有必要的话,建议不要改动。配置完毕后,需要重新启动计算机,这样环境变量才能有效。

重启可以选择"开始菜单→所有程序→Apache Tomcat 5.5→Monitor Tomcat",按照图 2.12的方式来启动 Tomcat 服务器。

(11)JSP 运行测试。Tomcat 服务器在启动状态,如果安装与配置一切正确,在 IE 浏览器中输入 http://localhost:8080/index.jsp,或者输入 http://127.0.0.1:8080/index.jsp,出现如图 2.13 所示结果。

在记事本当中输入以下代码,保存文件名为 example1_1.jsp,保存的目录为 d:\Tomcat 5.5\webapps\ROOT。注意:JSP 文件保存时后缀名要用小写,比如 example1_1.jsp。

图 2.13 Tomcat 服务器首页

```
< html >
< body > < center >
< h3 > 计算 50 以内偶数和的 JSP 脚本运行结果如下 </h3 >
< % int i,sum = 0;
  for( i = 2;i < = 50;i = i + 2) |
    sum = sum + i;|
    % >
    从 1 到 50 的偶数之和是: < % = sum% >
</center >
</body >
</html >
```

在 IE 浏览器中输入http://127.0.0.1:8080/example1_1.jsp,运行结果如图 2.14 所示。

http://localhost:8080/example1_1.jsp

计算50以内偶数和的JSP脚本运行结果如下

从1到50的偶数之和是: 650

图 2.14 运行结果

2. 安装 MyEclipse

双击"MyEclipse_6.5.1GA_E3.3.2_Installer. exe",设置目标文件夹(默认目录是 d:\ MyEclipse6.5),然后点击"安装"按钮,安装过程其实是一个解压缩文件的过程。如图 2.15 所示。

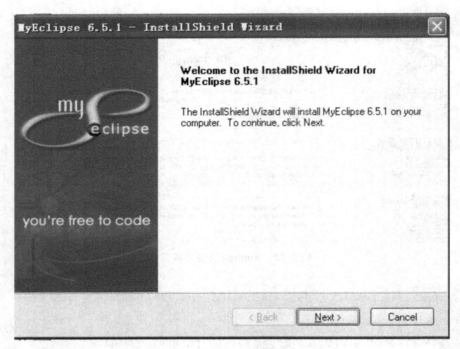

图 2.15 MyEclipse 安装过程(a)

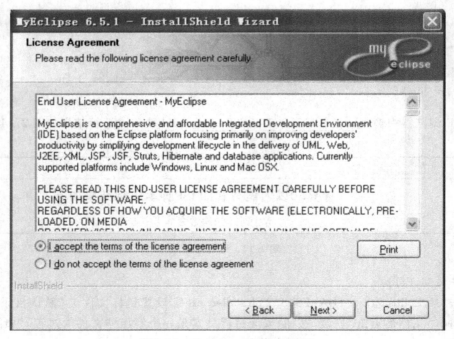

图 2.15 MyEclipse 安装过程(b)

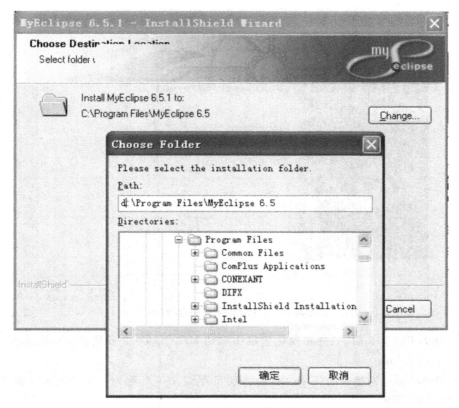

图 2.15 MyEclipse 安装过程(c)

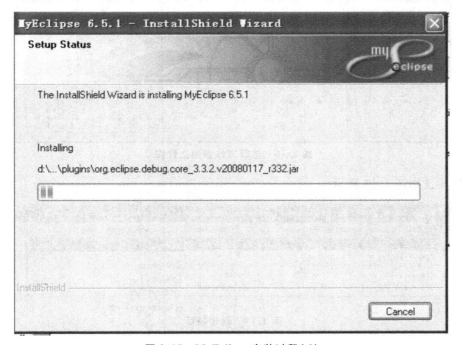

图 2.15 MyEclipse 安装过程(d)

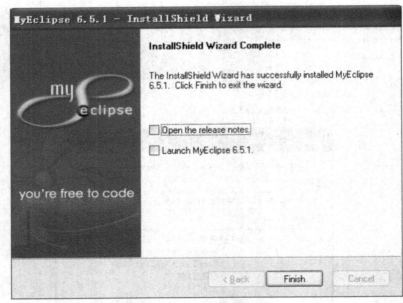

图 2.15　**MyEclipse** 安装过程(e)

安装 MyEclipse6.5 后,只要将汉化包解压缩到 MyEclipse6.5 安装目录里面即可。

3. 使用 MyEclipse

启动 MyEclipse,先建一个 Web 项目,将项目存储在一个称为工作空间的文件夹中,如 D:\1,如图 2.16 所示。

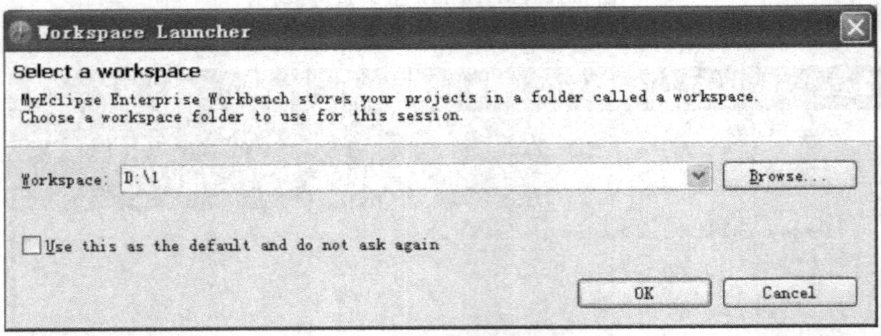

图 2.16　选择工作空间文件夹

新建项目如图 2.17 所示。

图 2.17　新建项目

选"Web Project",新建 Java Web 项目,如图 2.18 所示。

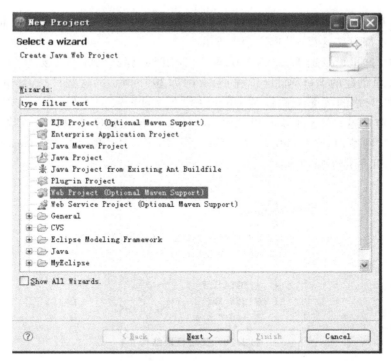

图 2.18 新建 Java Web 项目

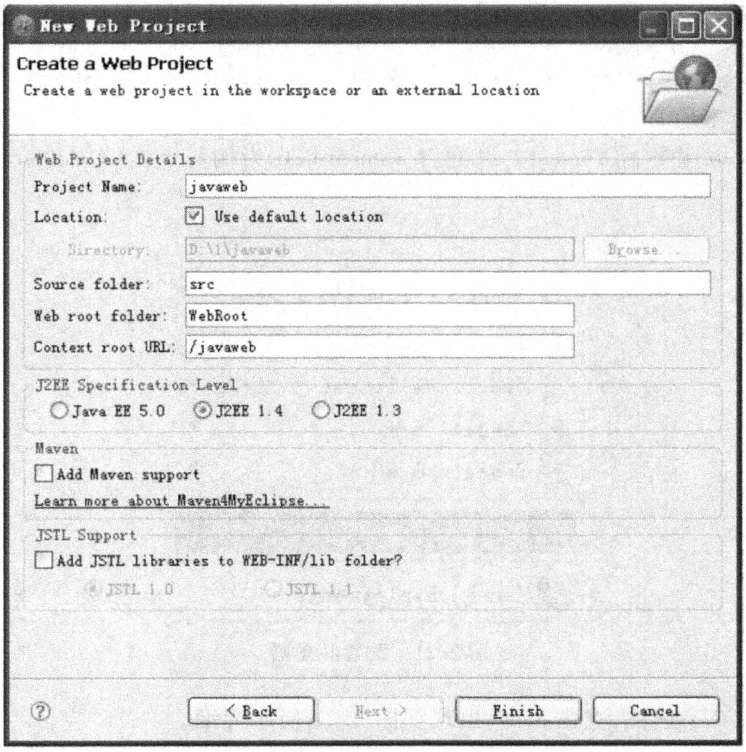

图 2.19 项目命名

项目取名 javaweb,其实就是在 d:\1 下面帮你建立了一个文件夹,名字叫 javaweb,以后开发的所有东西都放在这里。如图 2.19 所示。

图 2.19 中,这里可以选 Java EE 5.0,这样,要用 jstl 标签就可以直接用了。

MyEclipse 里创建的 Web 项目(工程)会有图 2.20 中所示的这些目录,其中源代码(Java 程序)在 src 中,网站的页面文件在 WebRoot 中,在 WebRoot 的 WEB-INF 文件夹中存放着 Web 应用的发布描述文件 web.xml 以及由 src 中的.java 源程序经编译后可执行的 class 文件。因此要运行网站,只要 WebRoot 这个目录就可以了。WebRoot 中的 index.jsp 页面是工具自动建立的,几乎是个空白页面。

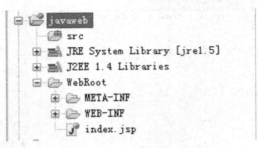

图 2.20 工程目录结构

把书店首页的静态首页另存为 index.jsp,请在页面代码的最前面加上以下语句:

```
<%@ page contentType="text/html;charset=gb2312" %>
```

拷贝到 D:\1\Javaweb\WebRoot 下,覆盖自动生成的 index.jsp,接着演示如何在 MyEclipse 里运行书店首页。

(1)配置 Web 服务器 Tomcat。以配置 Tomcat 6.0 为例。点击"Configure Server",如图 2.21 所示。

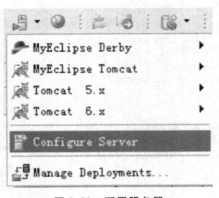

图 2.21 配置服务器

点击 Tomcat6.x 选项,点击 JDK,出现如图 2.22 所示界面。

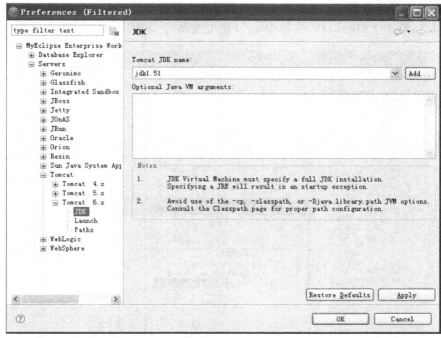

图 2.22　配置 JDK

点击"Add",出现如图 2.23 所示的选择 JDK 安装路径的界面。

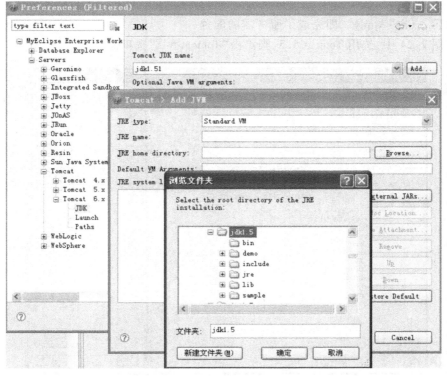

图 2.23　选择 JDK 安装路径

Tomcat 的安装路径输入（以 Tomcat 6.0 为例）。点击选项"Tomcat 6. x"，在图 2.24 中，点击"Enable"，第一个"Browse"，选择 Tomcat 的安装路径，如图 2.25 所示。

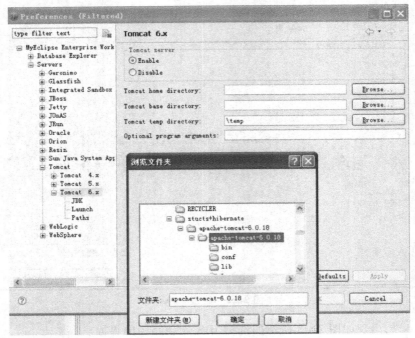

图 2.24　配置 Tomcat

完成后，点击"Apply"，即完成了服务器的配置。

若在图 2.24 中，选用 Tomcat 5.5，则点击"Tomcat 5. x"选项。

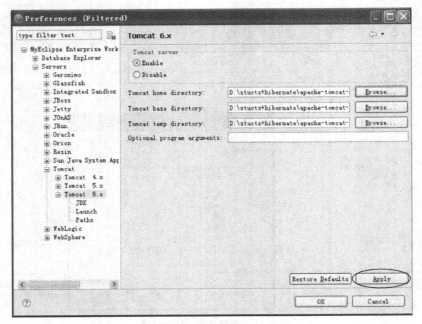

图 2.25　配置 Tomcat

（2）启动服务器，如图 2.26 所示。

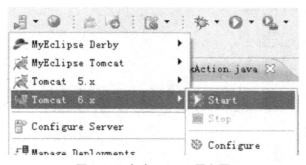

图 2.26 启动 Tomcat 服务器

（3）项目发布，如图 2.27 所示。

图 2.27 项目发布

点击图标，出现如图 2.28 所示的界面，在"Project"下拉框中选择发布的项目，点击
"Add"，确定发布的服务器，如图 2.29 所示。

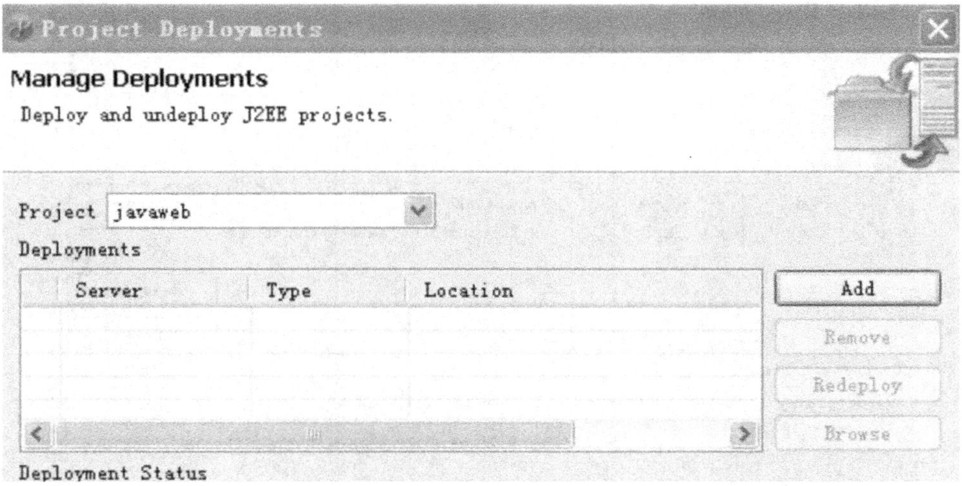

图 2.28 选择发布的项目

图 2.29 中，"Server"下拉框中可以选择发布的目的地，就是将项目发布到哪个服务器
上，下面三个单选选项是发布的方式，分别是发布前备份服务器上的项目、删除服务器上原
有的项目和覆盖服务器上的项目，一般选择第三种方式。点击"Finish"，如图 2.30 所示。

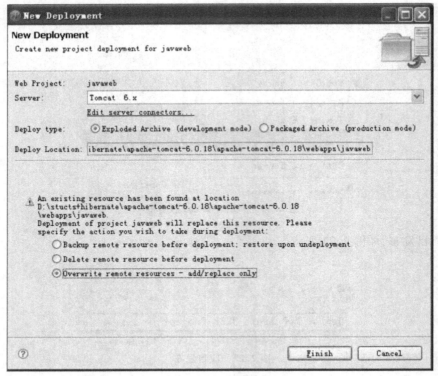

图 2.29 发布服务器

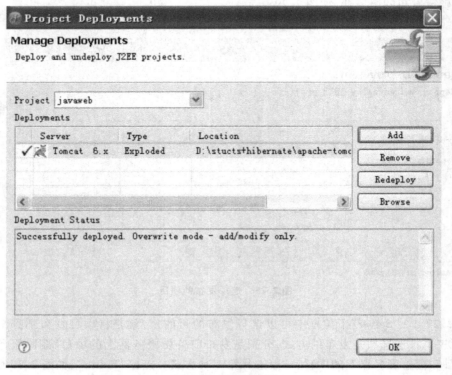

图 2.30 发布完成

点击"OK",就把项目发布到 Tomcat 的默认路径下,即在 Tomcat 下的 webapps 下会自动创建一个目录叫 javaweb,网站可运行程序就在这个文件夹里了。

(4)运行。在 IE 浏览器中输入 http://127.0.0.1:8080/javaweb/index. jsp,就可以看到书店的首页。

注:地址"127.0.0.1"表示一个通用的 IP,即代表本机,但 index. jsp 页面相对 javaweb 工程的路径是 WebRoot/index. jsp,为什么在访问该页面时 WebRoot 不需要写呢? 这是因为工程发布到 Tomcat 服务器所在目录的 webapps 的 javaweb 文件夹那里后,是没有 WebRoot 这一级目录的,该目录的文件直接在发布后的工程文件夹下了。

(5)常见问题:

①8080 端口如果被其他软件占用了,导致 Tomcat 无法启动。修改Tomcat安装目录的 conf 文件夹下的 server. xml 文件中的 < Connector/ > 标签中的 port 属性,例如:

> < Connector port = "8081" ……./ >

将端口改为 8081,重新启动 Tomcat 即可。

②MyEclipse 中保存 JSP 或者其他页面时提示不能映射为 iso-8859-1 编码错误。解决方法如下:设置 MyEclipse 的工作环境,这项工作只需要做一次即可。点击"Windows"菜单,选择"Preferences(首选项)","General"的"Workspace(工作空间)"。先设定工作空间的默认编码为 UTF-8,如图 2.31 所示。然后设置自动创建的 JSP 文件的编码同样是"UTF-8",如图 2.32 所示。

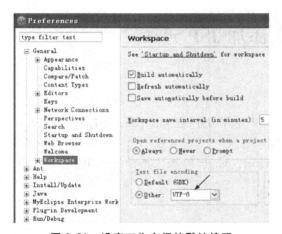

图 2.31 设定工作空间的默认编码

图 2.32 设定 JSP 文件的编码

【要点小结】

(1)Tomcat 是 Web 服务器。安装 Tomcat 后需要设置 TOMCAT_HOME 系统变量。其默认端口是 8080,若端口被占用,可以修改 server. xml 文件中的相关设置。

(2)MyEclipse 是一个 Web 集成开发环境,可用来建立项目、编码、部署 Web 应用。

【课外拓展】

(1)关于 Tomcat 的启动。某些版本的 Tomcat 是用 Tomcat 安装目录下的 bin 目录下的 startup. exe 来启动的。这样启动后将出现一个 DOS 窗口,如图 2.33 所示。该 DOS 窗口表示 Tomcat 处于启动状态,把它最小化就可以,若要停止服务,则将此 DOS 窗口关闭即可。

图 2.33   Tomcat 启动后的 DOS 窗口

(2)除了 Tomcat,还有其他哪些 Java Web 应用服务器? 它们的功能和用途是什么?

(3)一台机器允许装多个 Tomcat 吗?

任务 3   在首页上添加 JSP 元素

【任务目标】

1. JSP 页面元素的添加:JSP 标记、JSP 声明、JSP 注释、JSP 表达式、Java 程序片。

2. 掌握 JSP 中 page 指令、include 指令的使用。

3. 了解 JSP 的 taglib 编译指令及 include, forward, param 等操作指令的使用。

【任务描述】

掌握 JSP 基本语法,能完成 JSP 基本页面的编程。

【理论知识】

1. JSP 页面元素

一个完整的 JSP 页面可以由 5 种元素组成:

①普通的 HTML 标签;

②JSP 标签:指令标签、动作标签;

③变量和方法的声明;

④Java 程序片(Scriptlet);

⑤Java 表达式。

其中,③、④、⑤称为 JSP 的脚本元素。

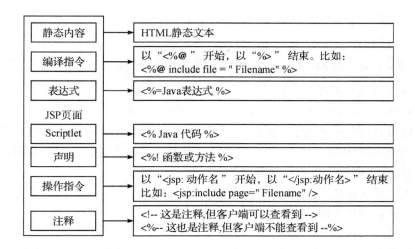

例如:

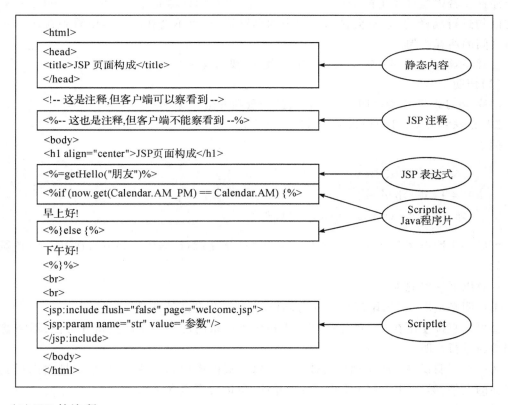

(1)JSP 的注释

用途:在客户端显示一个注释。

JSP 语法: < ! － －comment[< % ＝expression % >] － － >

例 1:

< ! － －这是一个 HTML 注释,不隐藏 － － >

在客户端的 HTML 源代码中产生和上面一样的数据:

<! --这是一个 HTML 注释,不隐藏-->

例2:

<! --This page was loaded on <%=(new Java.util.Date()).toLocaleString()%> -->

在客户端的 HTML 源代码中显示为:

<! --This page was loaded on January 1,2000 -->

这种注释和 HTML 中很像,也就是它可以在"查看源代码"中看到。唯一有些不同的是,可以在这个注释中用表达式(例2所示)。这个表达式是不定的,由页面不同而不同,能够使用各种表达式,只要是合法的就行。

要隐藏注释可以这样写:

<% --这是 JSP 注释 ,隐藏--%>

<% /*这是 Java 注释,隐藏*/ %>

写在 JSP 程序中,但不是发给客户。用隐藏注释标记的字符会在 JSP 编译时被忽略掉。这个注释在希望隐藏或注释 JSP 程序时很有用。JSP 编译器是不会对%--and--%之间的语句进行编译的,它不会显示在客户的浏览器中,也不会在源代码中看到在%---%之间的注释语句。

注意:不能使用"--%>",如果非要使用,要这样写"--%\>"。

(2)声明

用途:在 JSP 程序中声明用到的合法的变量和方法。

JSP 语法: <%! declaration;[declaration;]... %>

例子:

```
<%! int i =0; %>
<%! int a,b,c;%>
<%! Circle a = new Circle(2.0);%>
```

可以一次性声明多个变量和方法,只要以";"结尾就行,当然这些声明在 Java 中必须是合法的。

注意以下这些规则:

①声明必须以";"结尾(Scriptlet 有同样的规则,但是表达式就不同了)。

②可以直接使用在"%@ page %"中被包含进来的已经声明的变量和方法,不需要对它们重新进行声明。

③一个声明仅在一个页面中有效。如果每个页面都用到一些声明,最好把它们写成一个单独的文件,然后用%@ include % 或 jsp:include 元素包含进来。

(3)表达式

用途:包含一个符合 JSP 语法的表达式。

JSP 语法: <%= expression %>

例子:

```
<font color = "blue" > <%= map.size()%> </font> <b> <%= numguess.getHint()%> </b>
```

表达式元素表示的是一个在脚本语言中被定义的表达式，在运行后被自动转化为字符串，然后插入到这个表达式在 JSP 文件的位置显示。因为这个表达式的值已经被转化为字符串，所以可以在一行文本中插入这个表达式（形式和 ASP 完全一样）。

在 JSP 中使用表达式时注意以下几点：

①不能用一个分号（";"）来作为表达式的结束符。但是同样的表达式用在 Scriptlet 中就需要以分号来结尾。查看 Scriptlet 这个表达式元素能够包括任何在 Java Language Specification 中有效的表达式。

②有时候表达式也能作为其他 JSP 元素的属性值。一个表达式能够变得很复杂，它可能由一个或多个表达式组成，这些表达式的顺序是从左到右。

（4）Scriptlet（Java 程序片）

用途：包含一个有效的程序段。

JSP 语法：< % code fragment % >

例子：

```
< % String name = null;
if ( request. getParameter( " name" ) = = null) { % >
< % @ include file = " error. html" % >
< % } else { foo. setName( request. getParameter( " name" ) ) ;
if ( foo. getName( ) . equalsIgnoreCase( " integra" ) )  name = " acura" ;
if ( name. equalsIgnoreCase( " acura" ) ) { % >
```

一个 Scriptlet 能够包含多个 JSP 语句、方法、变量、表达式。因为有了 Scriptlet，我们便能做以下的事：

①声明将要用到的变量或方法（参考 声明）。

②编写 JSP 表达式（参考 表达式）。

③使用任何隐含的对象和任何用 jsp:useBean 声明过的对象。

④编写 JSP 语句（如果你在使用 Java 语言，这些语句必须遵从 Java Language Specification）。

任何文本、HTML 标记、JSP 元素必须在 Scriptlet 之外。

当 JSP 收到客户的请求时，Scriptlet 就会被执行，如果 Scriptlet 有显示的内容，这些显示的内容就被存入 out 对象中。

2. JSP 指令

JSP 指令分为编译指令和操作指令。

（1）JSP 编译指令

功能：告诉 JSP 的引擎，如何处理其他的 JSP 网页。

语法格式：< % @ 指令名 属性 ="属性值" % >

三种编译指令：page，include，taglib。

①page 指令

作用：定义 JSP 文件中的全局属性。

JSP 语法：

```
< % @  page
[ language = " Java" ]
[ extends = " package. class" ]
[ import = " {package. class | package. * }, ... " ]
[ session = " true | false" ]
[ buffer = " none | 8kb | sizekb" ]
[ autoFlush = " true | false" ]
[ isThreadSafe = " true | false" ]
[ info = " text" ]
[ errorPage = " relativeURL" ]
[ contentType = " mimeType[ ;charset = characterSet]" | "text/html; charset = ISO − 8859 − 1" ]
[ isErrorPage = " true | false" ]
% >
```

例子：

```
< % @  page import = " java. util. * , java. lang. * " % >
< % @  page buffer = " 5kb" autoFlush = " false" % >
< % @  page errorPage = " error. jsp" % >
```

page 指令作用于整个 JSP 页面，同样包括静态的包含文件。但是 page 指令不能作用于动态的包含文件，比如 jsp:include。在一个页面中可以用上多个 page 指令，但是其中的属性只能用一次，不过也有个例外，那就是 import 属性。因为 import 属性和 Java 中的 import 语句差不多(参照 Java Language)，所以此属性就能多用几次了。无论把 page 指令放在 JSP 文件的哪个地方，它的作用范围都是整个 JSP 页面。不过，为了 JSP 程序的可读性，以及养成好的编程习惯，一般我们都把它放在 JSP 文件的顶部。

②include 指令

作用：在 JSP 中用 include 指令包含一个静态的文件，同时解析这个文件中的 JSP 语句，使用 JSP 的 include 指令有助于实现 JSP 页面的模块化。

JSP 语法：< % @ include file = " filename" % >，其中 filename 指被包含的文件的名称。

属性 file 指出了被包含文件的路径，这个路径一般指相对路径，不需要什么端口、协议和域名。

include 指令将会在 JSP 编译时插入一个包含文本或代码的文件，当使用 include 指令时，这个包含的过程是静态的。静态的包含是指这个被包含的文件将会被插入到 JSP 文件中去，这个包含的文件可以是 JSP 文件、HTML 文件、文本文件。如果包含的是 JSP 文件，这个包含的 JSP 文件中的代码将会被执行。

③taglib 指令

作用：定义一个标签库以及其自定义标签的前缀。

JSP 语法：< % @ taglib uri = " URIToTagLibrary " prefix = " tagPrefix" % >

属性说明：

（a）uri：解释为统一资源标记符。

（b）prefix：表示标签在 JSP 中的名称。

注意：jsp、jspx、Java、Javax、Servlet、sun 和 sunw 等保留字不允许作自定义标签的前缀。用户必须在使用自定义标签之前使用 taglib 指令，而且可以在一个页面中多次使用，但是前缀只能使用一次 。

例子：

```
< % @  taglib prefix = " c" uri = "http://java. sun. com/jsp/jstl/core" % >
< c:if test = "${sessionScope. test = = 'hellking'}" >
    ${sessionScope. test} < br >
</c:if >
```

taglib 指令声明此 JSP 文件使用了自定义的标签，同时引用标签库，也指定了他们的标签的前缀。这里自定义的标签含有标签和元素之分。因为 JSP 文件能够转化为 XML，所以了解标签和元素之间的联系很重要。标签只不过是一个在意义上被抬高了点的标记，是 JSP 元素的一部分。JSP 元素是 JSP 语法的一部分，和 XML 一样有开始标记和结束标记。元素也可以包含其他的文本、标记、元素。比如，一个 jsp:plugin 元素有 jsp:plugin 开始标记和 /jsp:plugin 结束标记，同样也可以有 jsp:params 和 jsp:fallback 元素。

（2）JSP 操作指令

操作指令和编译指令不同之处：

操作指令：在客户端每请求一次时执行一次；

编译指令：在被编译时执行，且仅编译一次。

①jsp:forward

作用：重定向一个 HTML 文件、JSP 文件或者是一个程序段。

JSP 语法：

```
< jsp:forward page = {"relativeURL" | " < % = expression % >"}/ > or
< jsp:forward page = {"relativeURL" | " < % = expression % >"} >
< jsp:param name = "parameterName" value = "{parameterValue | < % = expression % >}"/ >
</jsp:forward >
```

属性说明：

page = "{relativeURL | < % = expression % >}" 这里是一个表达式或是一个字符串用于说明将要定向的文件或 URL。这个文件可以是 JSP、程序段或者其他能够处理 request 对象的文件（如 asp、cgi、php）。

< jsp:param name = "parameterName" value = "{parameterValue | < % = expression % >}"/ > 表示向一个动态文件发送一个或多个参数，这个文件一定是动态文件。如果要传递多个参数，可以在一个 JSP 文件中使用多个 jsp:param。name 指定参数名，value 指定参数值。

例子：

```
< jsp:forward page = "/Servlet/login"/ >
< jsp:forward page = "/Servlet/login" >
< jsp:param name = "username" value = "jsmith"/ >
</jsp:forward >
```

jsp:forward 标签从一个 JSP 文件向另一个文件传递一个包含用户请求的 request 对象。jsp:forward 标签以下的代码,将不能执行。

也能够实现向目标文件传送参数和值,如上例中传递的参数名为 username,值为 jsmith。

如果使用了 jsp:param 标签的话,目标文件必须是一个动态的文件,能够处理参数。如果使用了非缓冲输出的话,那么使用 jsp:forward 时就要小心。如果在使用 jsp:forward 之前,jsp 文件已经有了数据,那么文件执行就会出错。

②jsp:setProperty

作用:在 bean 中设置、修改一个或多个属性值。

JSP 语法:

```
< jsp:setProperty
name = "beanInstanceName"
{property = " * " |   property = "propertyName"[ param = "parameterName" ]|
property = "propertyName"  value = "{string |  < % = expression % >}"
}
/ >
```

属性说明:

name = "beanInstanceName":要引用 < jsp:useBean > 中所定义的 bean 的名字。

property = " * " | property = "propertyName":要求 bean 中的属性名必须和 request 对象的某个参数名一致。" * "表示 bean 中所有属性逐一匹配 request 对象的参数。

property = "propertyName"   param = "parameterName":适用 request 中的参数和 bean 中的属性名不同, propertyName 表示 bean 的属性名, parameterName request 中的参数名。

property = "propertyName"   value = "string/ < % = expression % >":表示用指定的值来修改 bean 的属性。

注意:在同一个 < jsp:setProperty > 标签中不能同时使用 param 和 value 两个属性。

< jsp:setProperty > 元素使用 bean 给定的 setter 方法,在 bean 中设置一个或多个属性值。在使用这个元素之前必须使用 < jsp:useBean > 声明此 bean,因为 < jsp:useBean > 和 < jsp:setProperty > 是联系在一起的,同时它们使用的 bean 实例的名字也应当相匹配 。

③jsp:getProperty

作用:获取 bean 的属性值,用于显示在页面中。

JSP 语法:

```
< jsp:getProperty name = "beanInstanceName"  property = "propertyName"/ >
```

属性说明:

name = "beanInstanceName"   bean 的名字,由 jsp:useBean 指定。

property = "propertyName" 所指定的 bean 的属性名。

例子：

```
< jsp:useBean id = " calendar"  scope = " page"  class = " employee. Calendar"/ >
< h2 > Calendar of  < jsp:getProperty name = "calendar"  property = "username"/ >  </ h2 >
```

这个 jsp:getProperty 元素将获得 bean 的属性值,并可以将其使用或显示在 JSP 页面中。在使用 jsp:getProperty 之前,必须用 jsp:useBean 创建它。

jsp:getProperty 元素有一些限制：

(a)不能使用 jsp:getProperty 来检索一个已经被索引了的属性;

(b)能够和 JavaBeans 组件一起使用 jsp:getProperty,但是不能与 Enterprise Bean 一起使用。

注意：在 sun 的 JSP 参考中提到,如果使用 jsp:getProperty 来检索的值是空值,那么 NullPointerException 将会出现,同时如果使用程序段或表达式来检索其值,那么在浏览器上出现的是 null(空)。

④jsp:include

作用：包含一个静态或动态文件。

JSP 语法：

```
< jsp:include page = "｛relativeURL ｜ < % = expression% > ｝" flush = "true"/ > or
< jsp:include page = "｛relativeURL ｜ < % = expression % > ｝" flush = "true" >
< jsp:param name = " parameterName"  value = "｛parameterValue ｜ < % = expression % > ｝"/ >  </ jsp:include >
```

属性说明：

page = "｛relativeURL ｜｝" 参数为一相对路径,或者是代表相对路径的表达式。

flush = "true" 这里你必须使用 flush = "true",你不能使用 false 值。缺省值为 false。

< jsp:param name = "parameterName" value = "｛parameterValue ｜ < % = expression % > ｝"/ >

jsp:param 子句能传递一个或多个参数给动态文件,在一个页面中可以使用多个 jsp:param 来传递多个参数。

例子：

```
< jsp:include page = " scripts/login. jsp"/ >
< jsp:include page = " copyright. html"/ >
< jsp:include page = "/index. html"/ >
< jsp:include page = " scripts/login. jsp" >
< jsp:param name = " username"  value = "jsmith"/ >
</ jsp:include >
```

jsp:include 元素允许包含动态文件和静态文件,这两种包含文件的执行结果是不同的。如果文件仅是静态文件,那么这种包含仅仅是把包含文件的内容加到 jsp 文件中去,而如果这个文件是动态的,那么这个被包含文件也会被 JSP 编译器执行。

我们不能从文件名上判断一个文件是动态的还是静态的。jsp:include 能够同时处理这两种文件,因此就不需要包含时来判断此文件是动态的还是静态的。如果这个包含文件是动态的,那么还可以用 jsp:param 还传递参数名和参数值。

⑤jsp:plugin

作用:执行一个 applet 或 bean,有可能的话还要下载一个 Java 插件用于执行它。

JSP 语法:

< jsp:plugin

type = "bean | applet":插件对象的类型,必须得指定这个是 bean 还是 applet,因为这个属性没有缺省值。

code = "classFileName":被插件执行的 Java 类的名字,必须以.class 结尾,必须存在于 codebase 属性指定的目录中。

codebase = "classFileDirectoryName":被插件执行的 Java,如果没有提供此属性,那么使用 jsp:plugin 的 jsp 文件的目录将会被使用。

[name = "instanceName"]:所调用的 bean 或 applet 的名字。

[archive = "URIToArchive, ..."]:将要引用的类的路径名。

[align = "bottom | top | middle | left | right"]:bean 或 applet 中所显示的图片的位置。

[height = "displayPixels"]:bean 或 applet 中所显示的图片的高度像素值。

[width = "displayPixels"]:bean 或 applet 中所显示的图片的宽度像素值。

[hspace = "leftRightPixels"]:bean 或 applet 中所显示的图片距离屏幕的行位置。

[vspace = "topBottomPixels"]:bean 或 applet 中所显示的图片距离屏幕的列位置。

[jreversion = "JREVersionNumber | 1.1"]:bean 或 applet 运行所需的 Java 虚拟机的版本,缺省值是 1.1。

[nspluginurl = "URLToPlugin"]:可下载 Navigator 的 URL 地址。

[iepluginurl = "URLToPlugin"]:可下载 IE 的 JRE 插件的 URL 地址。

[< jsp:params >

[< jsp:param name = "parameterName" value = "{parameterValue | <% = expression % >}"/ >] </jsp:params >]:规定了向 bean 或 applet 所传递的参数值。

[< jsp:fallback > text message for user </jsp:fallback >]:提示信息,用来提示用户的浏览器是否支持插件下载,无法显示时,显示该段文本给用户。

</jsp:plugin >

当 JSP 文件被编译,送往浏览器时,jsp:plugin 元素将会根据浏览器的版本替换成 object 或者 embed 元素。注意,object 用于 HTML 4.0,embed 用于 HTML 3.2。

⑥jsp:useBean

作用:创建一个 bean 实例并指定它的名字和作用范围。

JSP 语法:

```
< jsp:useBean id = "beanInstanceName"    scope = "page | request | session | application"
{class = "package. class"/
```

```
type = " package. class"/
class = " package. class"  type = " package. class"/
beanName = " ｛package. class/ < % = expression % > ｝" type = " package. class"
｝
/other elements
    </jsp:useBean >
```

例子：

```
< jsp:useBean id = " cart"  scope = " session"  class = " session. Carts"/ >
< jsp:setProperty name = " cart"  property = " * "/ >
< jsp:useBean id = " checking"  scope = " session"  class = " bank. Checking" >
< jsp:setProperty name = " checking"  property = " balance"  value = "0.0"/ >
</jsp:useBean >
```

⑦jsp:param 操作指令

作用：为其他标签提供附加信息。

JSP 语法：

```
< jsp:param name = "参数名"  value = "指定给 param 的参数值" >
```

注意：该标签必须配合 < jsp:include > 、< jsp:forward > 动作标签一起使用。

【实训演示】

1. 设计出一个简单的计数器(利用变量和方法的声明)，用其统计是第几个登录用户。

(1)MyEclipse 中创建项目 myapp，新建 JSP 页面 count. jsp，键入以下代码：

```
< % @  page import = " Java. util. * , Java. io. * "  contentType = " text/html; charset =
gb2312" % >
< html >
< body >
< h1 >
< % ! int count = 0;% >
< %  count + + ; % >
< p >您是第 < % = count% >个登录客户。
</h1 >
</body >
</html >
```

(2)发布 myapp，启动 Tomcat。

(3)运行，浏览器中键入地址：http://localhost:8080/myapp/count. jsp，得到如图 2.34 的运行结果。每刷新一次该页面，计数器就增加 1。这个功能实现了简单的网站计数器功能。

图 2.34 第一次的运行结果

刷新两次后,运行结果如图 2.35 所示。

图 2.35 刷新两次后的运行结果

2. 把 page 指令放入书店首页 index. jsp 页面,领会 page 指令主要属性的用途。

```
< % @  page contentType = " text/html; charset = gb2312"  language = " Java"  errorPage
= " " % >
```

3. 使用 include 指令,在 index. jsp 中包含若干个页面。

在静态网页中,利用框架集可以将不同页面组合在一个页面中运行,在 JSP 中,可以利用 include 指令来实现这个功能。如 index. jsp 中可以这样写来实现包含若干页面:

```
< jsp: include page = " utility/scriptFunction. jsp" / >    包含有常用 Javascript 脚本的页面
< jsp: include page = " utility/siteName. jsp" / >    含有网站 banner 的页面
< jsp: include page = " utility/navigation. jsp" / >    网站导航条页面
< jsp: include page = " utility/menu. jsp" / >    左部菜单页面
…………    首页内容
…………    首页内容
< jsp: include page = " utility/copyRight. jsp" / >    下部版权信息页面
```

4. 模拟用户登录功能,验证通过把页面转到登录成功的页面;当验证没通过时,则把页面转到登录页面。

5. plugin 指令演示。创建页面 plugin. jsp:

```
< % @  page contentType = " text/html; charset = gb2312" % >
< html >
< body >
< center >
< h1 > plugin. jsp 文件中所加载的 HelloApplet. class 文件的结果如下:
< /h1 > < /center >
< jsp: plugin type = " applet"  code = " HelloApplet. class"  jreversion = " 1. 2"
width = " 500"  height = " 500" >
< jsp: fallback > 不能启动插件 < /jsp: fallback >
```

```
</jsp:plugin >
</body >
</html >
```

HelloApplet. Java 的源码为：

```
import Java. applet. * ;
Import Java. awt. d * ;
Public class HelloApplet extends Applet
{
    public void paint(Graphics g)
    {
    g. setColor(Color. red);
                            g. drawString("我们要学会使用 <jsp:plugin >标签",5,10);
    g. setColor(Color. blue);
    g. drawString("将一个 applet 小程序嵌入到 JSP 中",5,30);
    }
}
```

运行结果如图 2.36。

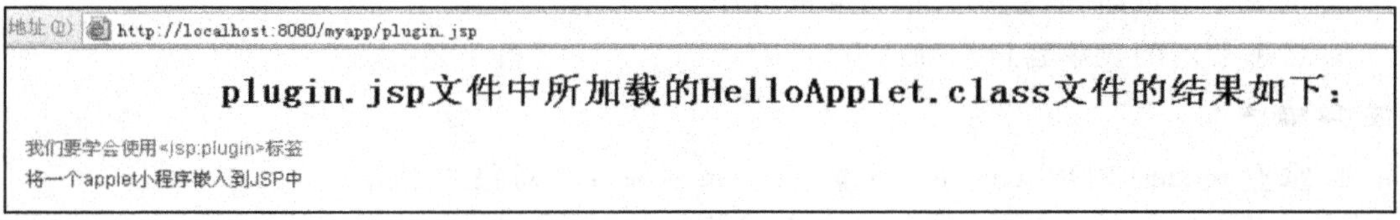

图 2.36　plugin 指令演示结果

【要点小结】

1. JSP 注释和 HTML 注释的不同之处在于,JSP 注释不会在客户端显示,其语法是：
<% – –这是 JSP 注释 ,隐藏 – –% >。

2. JSP 利用 <% % >这对符号将 Java 代码插入到网页中。

3. JSP 表达式的语法：<% = expression % >。

4. JSP 中声明变量的语法：<% ! declaration;[declaration;]... % >。

5. JSP 编译指令的语法：以" <%@ "开始,以"% >"结束；

　JSP 操作指令的语法：以" <jsp：动作名 "开始,以" </jsp:动作名 >"结束。

【课外拓展】

创建网上书店主页,要求：

1. 浏览多种网络资源,对网上书店功能进行模块分析；

2. 在页面上增加 page 指令、Java 程序片；

3. 用表达式输出当前系统时间；

4. 将首页分为上、左、右三个页面,用 include 组合指令来实现。

项目三　用户登录与用户注册

此部分完成网上书店网站的动态编码,通过"用户登录与用户注册"、"书籍管理"、"书籍购买"这三个项目实现数据库设计及网站前后台的核心功能。

任务 1　用户登录

【任务目标】

1. 掌握 JSP 常用内置对象的方法及使用。

2. 掌握登录页面、表单及表单对象的应用。

3. 熟悉常用的表单客户端确认方法。

【任务描述】

1. 掌握 request 对象、response 对象、session 对象、out 对象的用法。

2. 能完成用户登录页面制作并获取用户名和密码。

3. 能编写表单客户端确认的 js 程序。

【理论知识】

1. 表单的提交

要实现用户登录功能,就需要获取用户名和密码这些信息,因此必须使用表单。

表单是浏览者和网站交互的重要手段,主要功能是收集网站需要的重要信息。

在如图 3.1 所示的 userLogin.jsp 页面中包含有一个表单(虚线部分)。

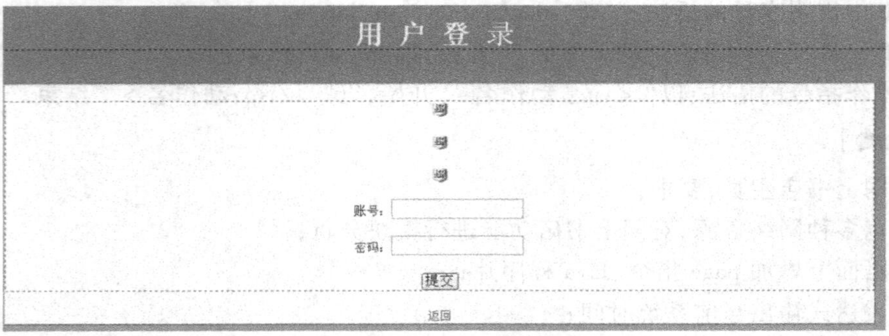

图 3.1　userLogin.jsp 页面

表单一般格式：< form action = "url" > < / form >

提交表单：

> < FORM　method = " get" | " post" action = "表单提交信息后的处理页面" >提交手段
> < / FORM >

案例：

> < form name = "form1" method = "post" action = "index. jsp" >
> 账号：< input name = "username" type = "text" id = "username" >
> 密码：< input name = "userpassword" type = "password" id = "userpassword" > < p >
> < input type = "submit" name = "Submit" value = "提交" > < / p > < p >
> < input type = "reset" name = "Submit" value = "重置" > < / p >
> < / form >

表单中包含文本框、列表、按钮等输入标记。当用户在表单中输入信息后，按 Submit 按钮这些信息将被提交。客户端可以使用 post 以及 get 两种方法实现提交，默认方式为 post。它们的区别是 get 方法提交的信息会显示在 IE 浏览器的地址栏中，而 post 方法不会显示。

以上表单代码要实现的功能就是：点击"提交"按钮，页面跳转到 index. jsp，如图 3.2 所示。

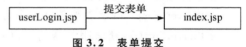

图 3.2　表单提交

关键问题：如何把顾客信息从登录页面的表单里获取，上传给服务器，并让服务器把信息显示出来。

解决方案：使用 JSP 的内置对象（request 对象）能实现信息在不同页面之间的传递，可以获取客户提交的数据、网页地址后带的参数等。提交的信息就被封装在 request 对象中。通常 request 对象调用 getParameter( )方法就能获取用户提交的信息。如：通过 request. get-Parameter("username")；就能获取表单中 username 文本框的内容。

2. JSP 内置对象

JSP 中有些成员变量不像一般的 Java 对象那样用"new"去获取实例，它们不用声明就可以在 JSP 页面的脚本(Java 程序片和 Java 表达式)中使用，这就是所谓的内置对象。内置对象的名称是 JSP 的保留字，通过这些内置对象可以访问网页中的动态内容。

JSP 内置对象 一共有 9 个，大致分为 4 类，分类结构如图 3.3 所示。

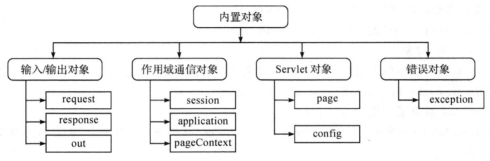

图 3.3　JSP 内置对象分类

（1）request 对象

①功能：获取客户端对网页的请求。

获取客户提交信息、处理汉字信息、处理 HTML 标记。

②实现 javax. servlet. http. HttpServletRequest 接口。

③request 常用方法：

String getParameter(String name)：获得客户端传送给服务器端的参数值,该参数由 name 指定,name 表示控件的名称。

String[ ]getParameterValues(String name)：获取表单中的控件名称对应的多个值,一般用于获取复选框、单选按钮等输入控件中的多个值,参数 name 表示控件的名称。

getServletPath( )：获取请求的 JSP 页面所在的目录。

getMethod( )：获取表单提交信息的方式,如 post 或 get。

getHeader(String s)：获取请求中头的值。

getHeaderNames( )：获取头名字的一个枚举。

getHeaders(String s)：获取头的全部值的一个枚举。

getRemoteAddr( )：获取客户的 IP 地址。

getRemoteHost( )：获取客户机的名称(如果获取不到,就获取 IP 地址)。

getServerName( )：获取服务器的名称。

getServerPort( )：获取服务器的端口号。

getProtocol( )：获取请求使用的通信协议,如 http/1. 1 等。

getContentLength( )：获取 HTTP 请求的长度。

（2）response 对象

①功能：处理 JSP 生成的响应,将响应发送给客户端。

②实现 javax. servlet. http. HttpServletResponse 接口,使用 HTTP 协议将响应发送给客户端。

③response 对象常用方法：

sendRedirect(String name)：发送一个响应给浏览器,指示其应请求另一个 URL;

setHeader(String head,String value)：动态添加新的响应头和头的值。

（3）out 对象

①表示输出流。

②javax. servlet. jsp. JspWriter 类的实例,以字符流的形式输出数据。通过 page 指令的 buffer 属性来制定缓冲区的大小,默认是 8KB。

③使用 write( )、print( )和 println( )方法。

（4）session 对象

①Web 服务器为单个用户发送的多个请求创建会话,存储有关用户会话的所有信息。

②javax. servlet. http. HttpSession 接口的实例。

③session 对象最常用的方法有：

void setAttribute(String name,Object value)：以键/值的方式,将一个对象的值存放到 session 中;

void getAttribute(String name)：根据名称去获取 session 中存放对象的值;

void removeAttribute(String name)：取消 session 中存放的某个对象。

request 对象只在请求页面中有效,也就是说,表单提交过来的数据,除了请求页面,在其他页面是获取不到的,此时,可以利用 session 对象将要用的数据先存储起来,这样,在其他非请求页面就可以使用这些数据了。

3. 表单客户端确认

(1)什么是表单确认

表单确认就是确认用户填写的表单数据是否合法。如管理员登录,如果不输入用户名直接点提交,页面不是直接跳转到请求页面去,而是先出现提示信息"请输入用户名!",同时页面不再进行跳转,这就是表单的客户端确认功能。

(2)表单在客户端确认的利弊

利:大大减轻了网络负载,提高了响应速度,减少了用户的等待时间。

弊:由于各种浏览器所支持的脚本语言不完全相同,无法保证数据一定能够在浏览器被确认。

(3)表单客户端确认的方法

通过编写一些 js 的脚本函数来进行常用的表单判断。在表单的 onsubmit 属性中通过如下代码调用这些脚本函数来实现确认功能。如:

```
< Form method = "POST" name = Fm   Onsubmit = "return formcheck(this) " >
```

formcheck 表示脚本函数,this 是函数的参数,表示表单。

【实训演示】

1. 用户登录功能:表单客户端确认、获取用户名和密码。

(1)登录页面——userLogin.jsp

表单客户端确认的 JavaScript 脚本:

```
< SCRIPT language = JavaScript >
function    formcheck(Fm)
{   var flag = true;
  if(Fm. id. value = = "")
       {   alert("请输入用户名!");
           Fm. id. focus();
           flag = false;
       }
  if(Fm. password. value = = "")
       {   alert("请输入密码!");
           Fm. password. focus();
           flag = false;
       }
return   flag;
}
</SCRIPT >
```

表单：

```
< form name = "Fm" method = "post" action = "index. jsp" onSubmit = "return formcheck(this)" >
        < % if( request. getAttribute("errInf") !  = null) {% >
< p class = "errInf" > < % = (String)request. getAttribute("errInf") % > < /p >
    < % } % >
    < p >账号：< input name = "id" type = "text" id = "id" >        < /p >
    < p >密码：< input name = "password" type = "password" id = "password" >    < /p >
    < p > < input type = "submit" name = "Submit" value = "提交" >    < /p >
    < /form >
```

（2）登录成功页面——index. jsp

```
< % @  page contentType = "text/html;charset = gb2312" import = "Java. sql. ∗ " errorPage
= " " % >
    < %
String admin_name = request. getParameter("name");
String password = request. getParameter("password");
if ( ! admin_name. equals(" ") || admin_name!  = null) {
admin_name = new String(admin_name. getBytes("ISO – 8859 – 1") ,"gb2312");
                                        //汉字转换
    out. print("欢迎你," + admin_name);
} else{ % >
    < h3 >你还没有 < a href = "login. jsp" >登录 < /a > < /h3 >
< %    }    % >
```

2. 利用 response 对象和 out 对象实现会走的时钟（即页面每隔 1 秒钟自动刷新过程）。

```
< % @  page contentType = "text/html;charset = gb2312" % >
< % @  page import = "Java. util. ∗ " % >
< HTML >
< HEAD > < TITLE > ex5 – 3. jsp < /TITLE > < /HEAD >
< BODY > < br >
< h3 >本例将给大家演示该页面每隔 1 秒钟的自动刷新过程 < /h3 >
< br > < h1 >现在的时间是：
< %
    response. setHeader("refresh","1");
    out. println(new Date( ). toLocaleString( ));
% > < /h1 >
< /BODY >
< /HTML >
```

运行结果如图 3.4 所示。

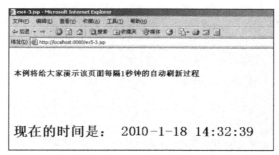

图 3.4　运行结果

3. 利用 request 对象的 getParameterValues 方法,实现网上调查小程序。
界面效果如图 3.5 所示。

第一页 选项页面　　　　　　　　　　第二页 结果页面

图 3.5　程序的运行效果

图 3.5 第一页页面的表单代码(net.jsp):

```
< form id = " form1" name = " form1" method = " post" action = " net1.jsp" >
  < p >网上调查小程序 </p >
  < p >
    < label >
    < input name = " c" type = " checkbox" id = " c" value = " 足球"/ >
    足球 </label >
    < label >
    < input name = " c" type = " checkbox" id = " c" value = " 篮球"/ >
    篮球 </label >
    < label >
    < input name = " c" type = " checkbox" id = " c" value = " 羽毛球"/ >
    羽毛球 </label >
  </p >
  < p >
    < label >
    < input type = " submit" name = " Submit" value = " 提交"/ >
    </label >
  </p >
</form >
```

图 3.5 第二页页面核心代码：

```
你选择的是：<br>
<%
if( request. getParameterValues("c")! = null){
String[ ]id = request. getParameterValues("c");

       for ( int i = 0;i < id. length;i + + ){
           out. print( new String(id[i]. getBytes("ISO － 8859 － 1")));
           out. print(" < br >");
       }
}
% >
```

4. session 对象的使用。

需求：网站登录后，假设用户登录成功，则首页用户登录框改为"欢迎你，XXXX！"

实现过程：

(1)编写一个 JSP 页面 index. jsp，含用户登录表单。

(2)编写另一个 JSP 页面，获取用户提交的用户名和密码，若用户名不为空，放入 session 中。

(3)index. jsp 中，如果用户已经登录，则不显示用户登录表单，改为显示"欢迎你，XXXX！"。

核心代码提示：

```
接受用户名：String name = request. getParameter("username");
放入 session：session. setAttribute"("name",name);
从 session 中取值：String user = (String)session. getAttribute("name");
<%   if (user! = null){   % >
     显示登录表单(html 代码)
<%}
else{
   out. print("欢迎你," + user + "!");
}   % >
```

【要点小结】

1. 表单是实现浏览器和网站交互的重要手段，表单通过客户端确认的 js 脚本来实现。

2. JSP 常用内置对象 request、request、session、out 的功能和用法。

【课外拓展】

1. 了解利用 JavaScript Validation Framework 进行表单客户端确认

该免费的框架提供了四个文件：validation-config. xml, validation-framework. js, style. css

和 site.css,直接放入项目即可使用。它的演示案例提供了两种不同的提示信息显示方式：一种是弹出式的提示信息,一种是利用 div 层的提示信息。如图 3.6 所示。

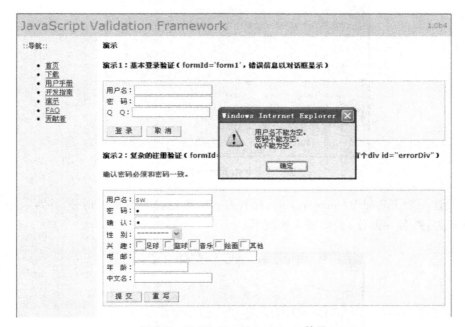

图 3.6 **Validation Framework 效果**

对每个表单对象的有效性判断信息,只要通过配置文件 validation-config.xml 来完成即可,具体的提示信息和判断规则都由 validation-framework.js 完成。这样做的好处是软件便于扩充和维护,不需要修改页面代码。

2.js 调试工具

在 IE 浏览器中,如果 js 脚本出现错误,系统是不会提示的,直接的后果就是脚本不运行,即我们写的客户端确认没有起任何作用,页面还是跳转了。下面介绍调试 js 代码的方法：

用 Firefox 浏览器的 firebug 作为 js 的 debug 工具,能够很容易发现 bug。

在 Firefox 的工具菜单里,有一个错误控制台,相当于 debug 的 console。

3.设计在线考试网页

(1)设计一个在线考试登录页面(Login.jsp),其中表单中姓名文本框的 name 属性设置为 userName,密码文本框的 name 属性设置为 passWord。

(2)设计一个用户验证网页(chkLogin.jsp),在该网页中对用户提交的信息进行验证并做出正确的处理。如果姓名和密码正确(姓名:Tom,密码:kaoshi)则进入考试页面,否则转向错误处理页面(error.jsp),给出错误信息并返回登录页面。

(3)设计错误处理页面(error.jsp),处理错误。

(4)设计一个选择题测试网页(test.html),要求在此页面能显示考生的姓名。如图 3.7 所示。

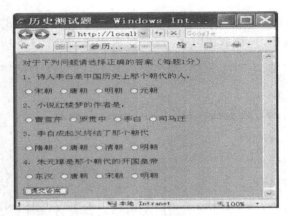

图 3.7　test. html 效果

（5）设计一个 JSP 程序（answer. jsp），统计某个考生选择题测试的得分，并写入 grade. txt 文件（格式为：姓名＋得分）。如图 3.8 所示。

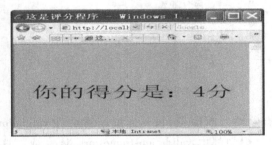

图 3.8　answer. jsp 运行结果

提示：利用 request 对象的 getParameterValues 方法和 session 对象。

任务 2　用户注册

【任务目标】

　　1. 掌握 JSP 其他内置对象的方法及使用。

　　2. 掌握注册页面、表单及表单对象的应用。

　　3. 熟悉常用的表单客户端确认方法。

【任务描述】

　　1. 掌握 JSP 其他内置对象 application，pageContext，config，exception 的方法。

　　2. 能完成用户注册页面制作，能获取各项注册信息。

　　3. 能编写表单客户端确认的 js 程序。

【理论知识】

JSP 其他四个内置对象：

（1）application 对象

当一个客户第一次访问服务器上的一个 JSP 页面时，JSP 引擎创建一个和该客户相对应的 session 对象，当客户在所访问的网站的各个页面之间浏览时，这个 session 对象都是同一个，直到客户关闭浏览器，这个 session 对象才被取消，而且不同客户的 session 对象是互不相同的。

application 对象与 session 对象不同。服务器启动后，就产生这个 application 对象。当一个客户访问服务器上一个 JSP 网页时，JSP 引擎为该客户分配这个 application 对象，当客户在所访问的网站的各个网页之间浏览时，这个 application 对象都是同一个，直到服务器关闭，这个 application 对象才被取消。另外，网站所有客户的 application 对象都是相同的一个，即所有客户共享这个内置对象，也就是说，服务器的所有线程都共享这个 application 对象。

application 对象实现 ServletContext 接口。和 session 类似，application 也可以使用它的 setAttribute（String name，Object obj）设置 application 的属性值，使用 getAttribute（String name）来获取对应的属性值。需要注意的是，因为 application 是相对于整个 Web 应用的，所以，任何客户端访问的都是同一个对象，因此，在使用 application 的时候，需要注意对它进行同步控制。

application 对象的常用方法：

①setAttribute（String name，Object obj）：application 对象调用该方法将参数 Object 制定的对象 obj 添加到 application 对象中，并为添加的对象制定一个索引关键字，该关键字由 name 指定。

②getAttribute（String name）：获取 application 对象中含有关键字是 name 的对象。注意：返回时应该使用强制类型转换成原来的类型。

③getAttributeNames（）：application 对象调用该方法产生一个枚举对象，该枚举对象使用 nextElements（）方法遍历安排 application 对象所含有的全部对象。

④getInitParameter（String name）：返回由参数 name 所指定的 application 中某个属性的初始值。

⑤getServerInfo（）：获得当前版本 Servlet 编译器的信息。

⑥removeAttribute（String key）：从当前的 application 对象中删除关键字是 key 的对象。

（2）pageContext 对象

功能：提供了所有 JSP 程序执行过程中所需要的属性以及方法。pageContext 对象是 PageContext（）类的一个实例。该类提供对几种页面属性的访问，并且允许向其他应用组件转发 request 对象，或者从其他应用组件包含 request 对象。

pageContext 对象中所包含的方法：

①getAttribute（）：返回与指定范围内名称有关的变量或 null。

②findAttribute（）：用来按照页面请求、会话以及应用程序范围的顺序实现对某个已命名属性的搜索。

③setAttribute（）：用来设置默认页面的范围或指定范围之中的已命名对象。

④removeAttribute( ):用来删除默认页面范围或指定范围之中已命名的对象。

（3）config 对象

功能:提供 Servlet 类的初始参数以及有关服务器环境信息的 ServletContext 对象。Config 对象的类型是 Javax. Servlet. ServletConfig 类。可以通过 pageContext 对象调用它的 getServletConfig( )方法得到 config 对象。

config 对象中所包含的方法:

①getServletcontext( ):返回执行者的 Servlet 上下文。

②getServletName( ):返回 Servlet 的名字。

③getInitParameter(String name):返回名字为 name 的初始参数的名字。

④getInitParameterName( ):返回这个 JSP 的所有的初始参数的名字。

（4）exception 对象

功能:用来处理 JSP 文件在执行时所有发生的错误和异常。Exception 对象可以配合 page 指令一起使用,通过指定某一个页面为错误处理页面,把所有的错误都集中那个页面进行处理,可以使得整个系统的健壮性得到加强,也使得程序的流程更加简单明晰。

exception 对象中的常用方法:

①getMessage( ):返回错误信息。

②printStackTrace( ):以标准错误的形式输出一个错误和错误的堆栈。

③toString( ):以字符串的形式返回一个对异常的描述。

【实训演示】

1.用户注册功能。效果图如图 3.9 所示。

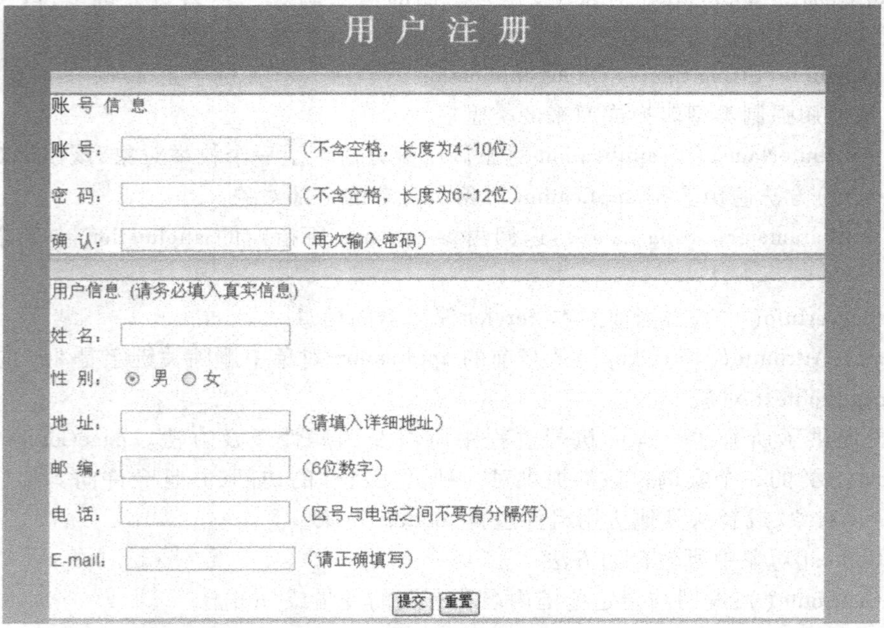

图 3.9 用户注册界面

注册页面的核心代码：

```
< form  name = " userRegister"  method = " post"  action = " userRegister_do. jsp"  onsubmit
= " return formcheck( this)" >
< input type = " submit"  name = " Submit"  value = "提交" >
< input type = " reset"  name = " Submit"  value = "重置" >
```

表单客户端确认的代码(部分)：

```
< SCRIPT language = JavaScript >
function      formcheck( Fm)
|    var flag = true;
   if( Fm. id. value = = " " )
      |    alert( "请输入账号!" );
          Fm. id. focus( );
          flag = false;
      |
   if( Fm. password. value!    = Fm. checkPwd. value)
      |    alert( "两次密码不同,请重新输入!" );
          Fm. password. focus( );
          flag = false;
      |
return    flag;
|
< /SCRIPT >
```

注册请求页面 userRegister_do. jsp 的代码：

```
< %
        String pwd = request. getParameter( " password" );
        String checkPwd = request. getParameter( " checkPwd" );
                    //如果有表单客户端确认,此处就不需要再次获取
        String name =
new String( request. getParameter( " name" ). trim( ). getBytes( " ISO-8859-1" ));
        String sex = new String( request. getParameter( "sex" ). trim( ). getBytes( " ISO-8859-1" ));
        String address =
new String( request. getParameter( " address" ). trim( ). getBytes( " ISO-8859-1" ));
        String code = request. getParameter( " code" ). trim( );
        String tel = request. getParameter( " tel" ). trim( );
        String email = request. getParameter( " email" ). trim( );
        if ( name. equals( "111" )) {
        Response. sendRedirect( " userRegister. jsp" );}    //网页重定向
% >
```

2. 用 application 内置对象实现计数器。

```jsp
<%@ page contentType="text/html;charset=GB2312"%>
<html>
<head>
<title>访问计数</title>
</head>
<body>
<center>
<h1>
<%
Integer appCount;
//对 application 同步
synchronized(application){
appCount=(Integer)application.getAttribute("accCount");
//如果是第一次访问,appCount 为 null,则初始化它
if(appCount==null)
appCount=new Integer(0);
//在原有的基础上加 1,并写回到 application 中
appCount=new Integer(appCount.intValue()+1);
application.setAttribute("accCount",appCount);
}
%>
<%
out.println("你是本网站第"+appCount.intValue()+"个访问者!");
%>
</h1>
</center>
</body>
</html>
```

这个程序可以当作网站的简单计数器。但是,需要提醒读者注意的是,如果你重新启动了服务器,那么这个 application 对象将被重新创建。此时,程序又将从 0 开始计数。所以,如果不能确定你的网站是否会在某个时候重启,不要使用这种方式来作为计数器,而应该将访问次数写到一个永久存储介质上,比如数据库或者文件。

3. 访问页面的计数器,在服务器宕机后计数器不会从 0 开始计数。示例 config. jsp:

```jsp
<%@ page contentType="text/html; charset=gb2312" language="Java" import="Java.sql.*" errorPage=""%>
<html>
<head>
```

```
< title > Untitled Document </ title >
< meta http-equiv = "Content-Type" content = "text/html; charset = gb2312" >
</ head >
< body >
< %    int org = 0;
          int count = 0;
          try{
          org = Integer. parseInt( config. getInitParameter("counter" ) );}
                                      //获得此 Servlet 中名为 counter 的参数
     catch( Exception e) {
       out. println( "org:" + e) ;      }
     try{
count = Integer. parseInt( ( application. getAttribute( "config_counter" ). toString( ) ) );}
       catch( Exception e) {
       out. println( "config_counter" + e) ;     }
       if( count < org) count = org;
       out. println( "此页面已经访问了" + count + "次" );
       count + + ;
       application. setAttribute( "config_counter" ,new Integer( count) );
% >
</ body >  </ html >
```

4. 利用 exception 对象判断一个数是否整数。

输入整数时,程序运行效果如图 3.10 所示。

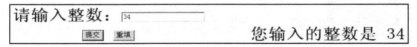

图 3.10 输入整数时的运行效果

输入非整数时,程序运行效果如图 3.11 所示。

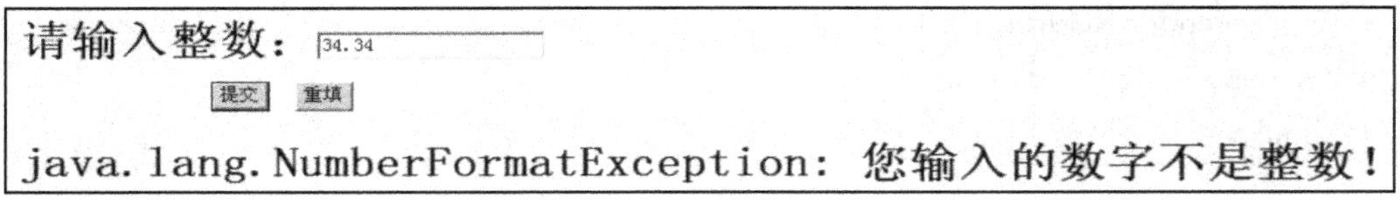

请输入整数: `34.34`

提交 重填

java. lang. NumberFormatException: 您输入的数字不是整数!

图 3.11 输入非整数时的运行效果

表单页面程序略,该程序通过表单向 checkint. jsp 提交信息。checkint. jsp 通过 request
对象获取用户提交页面的信息,判断是否整数,是整数运行 checkint. jsp,非整数运行 er. jsp。
checkint. jsp 和 er. jsp 的源程序如下:

```
checkint. jsp:
<%@  page contentType = "text/html;charset = gb2312" %>
<%@  page language = "Java"%>
<%@  page import = "Java. util. * "%>
<%@  page errorPage = "er. jsp"%>
<html > <head > <title > do57. jsp </title > </head >
<body >
<h1 >
<br >
<center >
<%  String   str = request. getParameter("number");
    int i = 0;
    try{
    i = Integer. parseInt(str);
    out. print("您输入的整数是" + i);
            }catch(NumberFormatException e){
      throw new NumberFormatException("您输入的数字不是整数!");
    }         //NumberFormatException 是 Exception 类的子类
%>
</center > </h1 > </body >
</html >
er. jsp:
<%@  page contentType = "text/html;charset = gb2312" %>
<%@  page language = "Java"%>
<%@  page isErrorPage = "true"%>
<html > <head > <title > er. jsp </title > </head >
<body >
<h1 >
<br >
<center >
<% = exception. toString()%>
</center > </h1 > </body >
</html >
```

【要点小结】

1. 表单是实现浏览器和网站交互的重要手段,表单通过客户端确认的 js 脚本来实现。

2. 利用 request 对象可以实现用户注册信息的获取。在注册过程中容易出现的问题:

①程序出错:仔细检查代码;

②无法运行:检查服务器是否启动、内置对象的使用是否有误;

③出现乱码:汉字转化的代码是否正确;

④客户端确认无效:js 脚本代码是否正确;

⑤页面重定向出错:页面地址是否正确(注意区分大小写)。

3.JSP 常用内置对象 application、pageContext、config、exception 的功能和用法。

【课外拓展】

完成用户注册功能。需求:

网站注册时,需要输入注册信息,编写 JSP 页面供用户输入,并获取用户输入的数据。注册信息包括用户名、密码、确认密码、性别、学历、兴趣爱好等。

实现:

1.编写一个 JSP 页面,提供用户输入的表单组件。

2.编写另一个 JSP 页面,获取用户提交的请求数据,并显示出来。

3.增加表单客户端确认的脚本代码,判断用户名是否为空、二次密码是否相同。

项目四　书籍管理

任务 1　网上书店数据库设计

【任务目标】

1. 了解常用数据库。
2. 掌握 JDBC 概念。
3. 掌握网上书店数据库设计。
4. 掌握 JSP 连接数据库方法。

【任务描述】

1. 能独立设计网上书店数据库。
2. 能安装数据库管理系统,建立数据库以及表。
3. 了解网上书店项目的 JDBC 开发步骤。

【理论知识】

1. 数据库设计

动态网站和静态网站的一个重要区别就是动态网站页面上的动态内容都存储在数据库中,因此,动态网站开发都需要数据库的支持。

数据库设计就是根据用户的需求,在某一具体的数据库管理系统上,设计数据库的结构和建立数据库的过程。常用的数据库管理系统有:Oracle, SQL Server, MySQL, Access,等等。本课程将 MySQL 数据库管理系统作为网站数据存储的平台进行开发。

2. 在 JSP 中连接数据库的方法

(1)由 JDBC 驱动直接访问数据库

JDBC(Java DataBase Connectivity)是一个产品的商标名,是 Java 环境中访问 SQL 数据库的一组 API,可以把 JDBC 看作"Java Database Connectivity(Java 数据库连接)"。JDBC 提供给程序员的编程接口由两部分组成:一是面向应用程序的编程接口 JDBC API;二是支持底层开发的驱动程序接口 JDBC Driver API,它供商业数据库厂商或专门的驱动程序生产厂商开发 JDBC 驱动程序使用。当前流行的大多数数据库系统都推出了自己的 JDBC 驱动程序。

★ JDBC 是一种可用于执行 SQL 语句的 JavaAPI 应用程序设计接口。它由一些 Java 语言编写的类和界面组成。

★ JDBC 提供了一种标准的应用程序设计接口,使开发人员可以用纯 Java 语言编写完整的数据库应用程序。

★ JDBC 是由 SUN 公司免费提供的。操作不同的数据库仅有连接方式上的差异。

一般而言,JDBC 可以完成以下工作:

①和一个数据库建立连接;

②向数据库发送 SQL 语句;

③处理数据库返回的结果。

(2)使用 JDBC-ODBC 进行桥连

将对 JDBC API 的调用,转换为对另一组数据库连接 API 的调用。

◆ 优点:能访问所有 ODBC 可以访问的数据库。

◆ 缺点:执行效率低、功能不够强大。

方法:

①在"控制面板→ODBC 数据源→系统 DSN"中配置数据源;

②编程,通过桥连方式与数据库建立连接。

JSP 连接代码:

```
Class.forName("sun.jdbc.odbc.JdbcOdbcDriver");
Connection con = DriverManager.getConnection("jdbc:odbc:news","sa","sa");
```

使用该方法连接数据库的前提是必须先设置 ODBC 数据源。下面以 Access 数据库和 SQL Server 数据库为例。

建立 Access 数据库 ODBC 数据源的具体操作如下:打开"控制面板"→"管理工具"→"数据源(ODBC)",选择"系统 DNS"选项卡,单击添加,选择"Driver do Microsoft Access(*.mdb)",单击完成,如数据源命名为:data,单击选择按钮,选择你要用的那个 Access 数据库后,点确定就 OK 了,如图 4.1 所示。

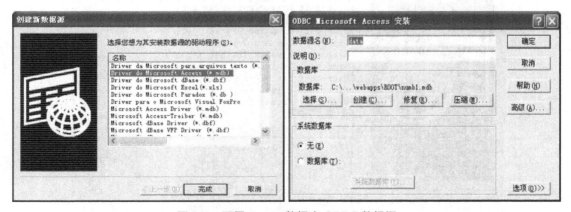

图 4.1 配置 Access 数据库 ODBC 数据源

建立和 SQL Server 数据库的连接。打开"控制面板→管理工具→数据源",其操作步骤如下:

(a)设置数据源,点击 Add。如图 4.2 所示。

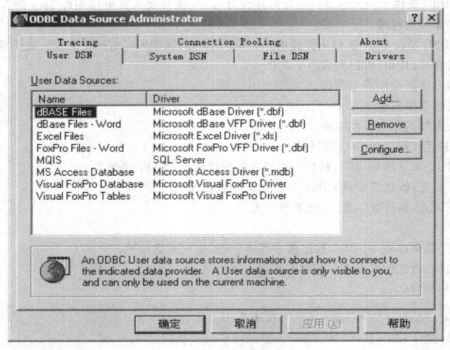

图 4.2　添 加 数 据 源

(b)选中"SQL Server"数据库,如图 4.3 所示,点完成。

图 4.3　配置 SQL Server 数据库的 ODBC 连接

（c）取数据源名为 dog，在 Server 处写数据库所在电脑的机器名或 IP 地址，若是本地，则写"（local）"。如图 4.4 所示。

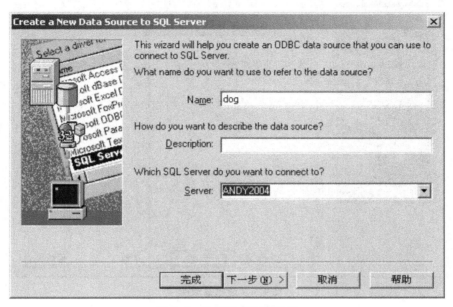

图 4.4　数据源名和服务器

（d）点"使用 SQL Server 的用户名和密码"项，用 sa 登录，输入密码，如图 4.5 所示。

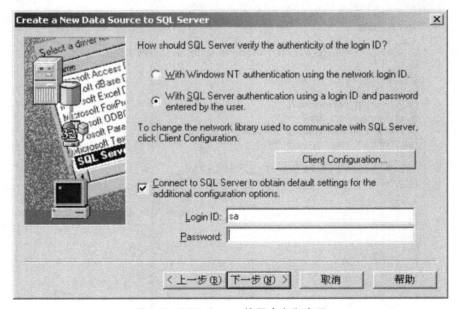

图 4.5　SQL Server 的用户名和密码

（e）如图4.6所示，从下拉菜单中选择要使用的数据库，点下一步。

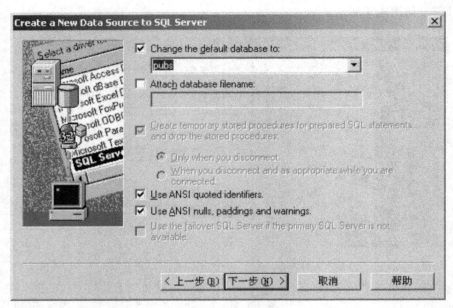

图 4.6　选择数据库

（f）如图4.7所示，点击"OK"，完成。

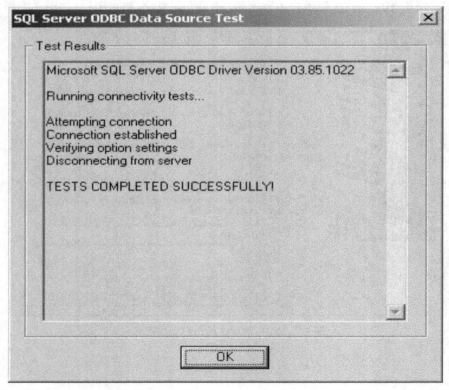

图 4.7　完成

【实训演示】

1. 网上书店数据库设计

（1）MySQL 数据库的安装

打开下载的 MySQL 安装文件 MySQL-5.0.27-win32.zip，双击解压缩，运行"setup.exe"，出现如图 4.8 的 MySQL 安装欢迎页。

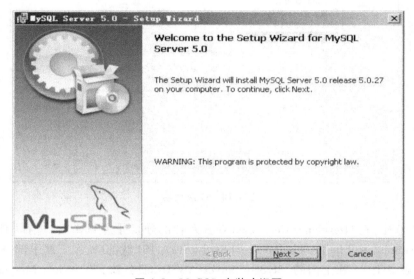

图 4.8　MySQL 安装欢迎页

MySQL 安装向导启动，按"Next"继续，如图 4.9 所示。

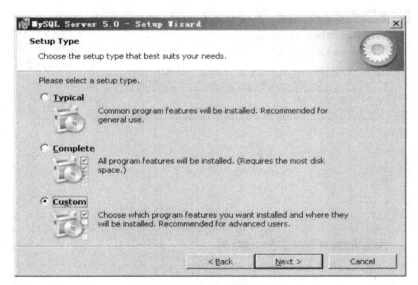

图 4.9　选择安装类型

在图 4.9 中，安装类型有"Typical（默认）"、"Complete（完全）"、"Custom（用户自定义）"三个选项，我们选择"Custom"，有更多的选项，也方便熟悉安装过程。

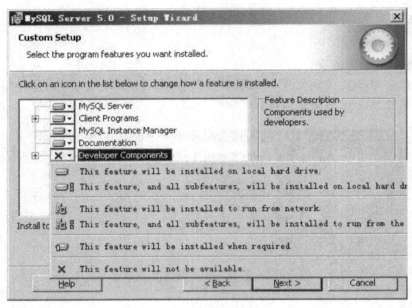

图 4.10   安装内容

在图 4.10 中，在"Developer Components（开发者部分）"上左键单击，选择"This feature, and all subfeatures, will be installed on local hard drive"，即"此部分，及下属子部分内容，全部安装在本地硬盘上"。在上面的"MySQL Server（MySQL 服务器）"、"Client Programs（MySQL 客户端程序）"、"Documentation（文档）"也如此操作，以保证安装所有文件。点选"Change..."，手动指定安装目录，如图 4.11 所示。

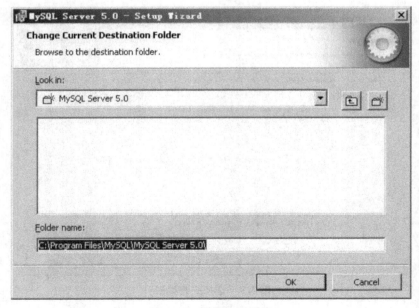

图 4.11   设置安装目录

在图 4.11 中，填上安装目录，例如"F:\Server\MySQL\MySQL Server 5.0"，也建议不要

放在与操作系统同一分区,这样可以防止系统备份还原的时候,数据被清空。按"OK"继
续。出现图 4.12 界面。

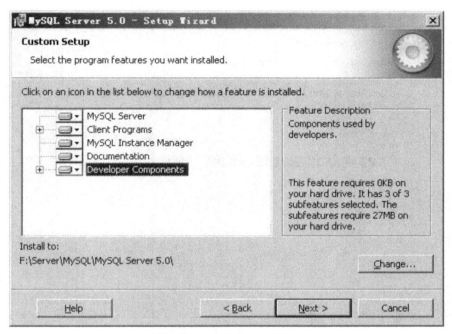

图 4.12　返回图 4.10 界面

在图 4.12 中,按"Next"继续,如图 4.13 所示。

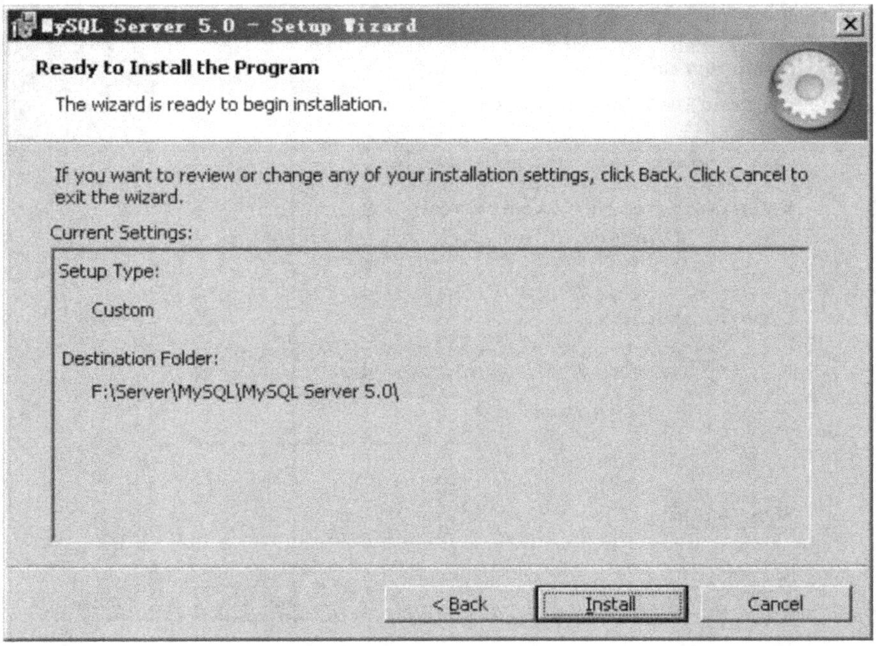

图 4.13　开始安装

在图 4.13 中，先确认一下先前的设置，如果有误，按"Back"返回重做。按"Install"开始安装。出现如图 4.14 的安装进程图。

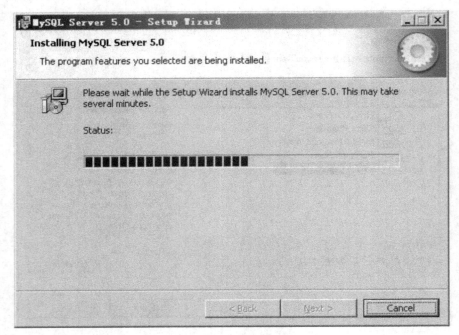

图 4.14 安装进程

安装完成后，出现如图 4.15 的界面。

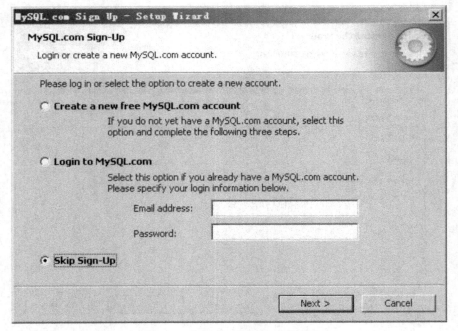

图 4.15 注册 MySQL.com 的账号

图 4.15 是询问是否要注册一个 MySQL.com 的账号，或是使用已有的账号登录 MySQL. com，一般不需要，点选"Skip Sign-Up"，按"Next"略过此步骤。

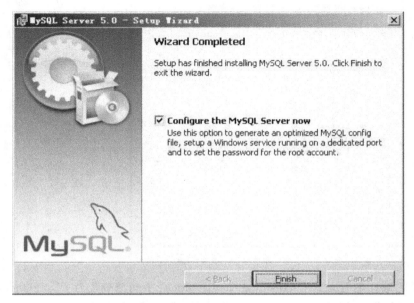

图 4.16　开始配置 MySQL 服务器

现在软件安装完成，出现图 4.16 的界面。将"Configure the MySQL Server now"前面的勾打上，点"Finish"结束软件的安装并启动 MySQL 配置向导。如图 4.17 所示，开始配置 MySQL 服务器。

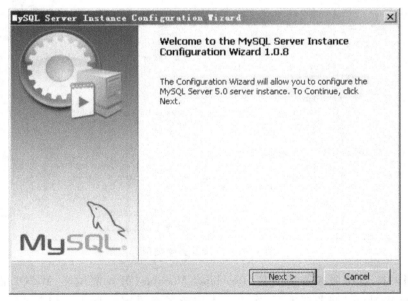

图 4.17　MySQL 配置向导启动界面

在图 4.17 中，按"Next"继续，出现图 4.18 的界面。

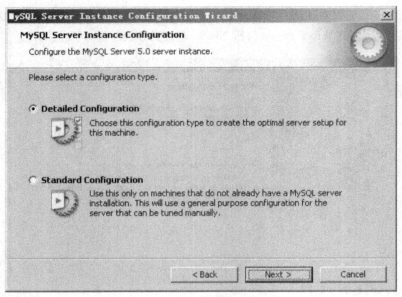

图 4.18   选择配置方式

图 4.18 的选择配置方式有"Detailed Configuration(手动精确配置)"、"Standard Configuration(标准配置)",我们选择"Detailed Configuration",方便熟悉配置过程。点击"Next",出现如图 4.19 所示的服务器类型选择界面。

图 4.19   选择服务器类型

在图 4.19 中,选择服务器类型有"Developer Machine(开发测试类,MySQL 占用很少资源)"、"Server Machine(服务器类型,MySQL 占用较多资源)"、"Dedicated MySQL Server Machine(专门的数据库服务器,MySQL 占用所有可用资源)",大家根据自己的类型选择,一般选"Server Machine",因为不会太少,也不会占满。点击"Next",出现图 4.20 的界面,选择

MySQL 的用途。

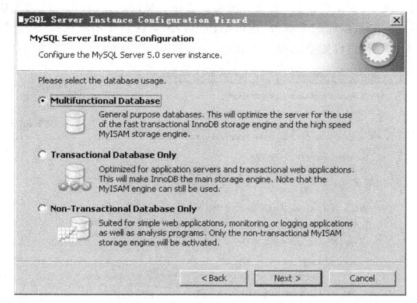

图 4.20 选择 MySQL 的用途

在图 4.20 中,选择 MySQL 数据库的大致用途:"Multifunctional Database(通用多功能型,好)"、"Transactional Database Only(服务器类型,专注于事务处理)"、"Non-Transactional Database Only(非事务处理型,较简单,主要做一些监控、记数用,对 MyISAM 数据类型的支持仅限于 non-transactional)",随自己的用途而选择,这里选择"Transactional Database Only",按"Next"继续。如图 4.21 所示,配置存储空间。

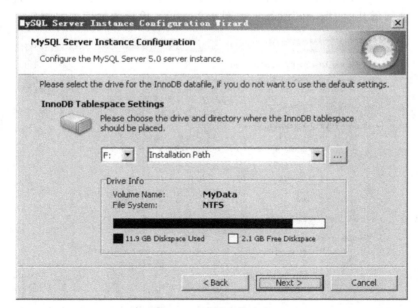

图 4.21 配置存储空间

在图 4.21 中,对 InnoDB Tablespace 进行配置,就是为 InnoDB 数据库文件选择一个存储空间,如果修改了,要记住位置,重装的时候要选择一样的地方,否则可能会造成数据库损坏。当然,最好能对数据库做个备份,这里不详述如何备份。使用默认位置,直接按"Next"继续。如图 4.22 所示,设置数据库连接数。

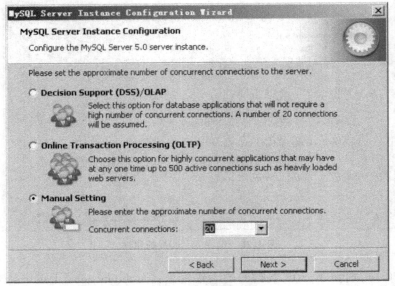

图 4.22 设置数据库连接数

在图 4.22 中,选择网站的一般访问量,同时连接 MySQL 的数目:"Decision Support (DSS)/OLAP(20 个左右)"、"Online Transaction Processing(OLTP)(500 个左右)"、"Manual Setting(手动设置,可以自己输一个数)",这里选"Online Transaction Processing(OLTP)",自己的服务器,应该够用,按"Next"继续。如图 4.23 所示,设置数据库连接端口。

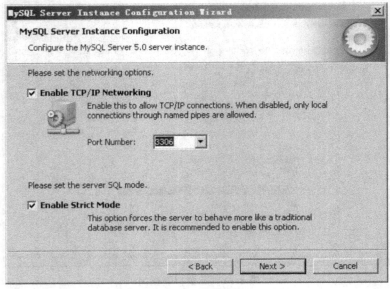

图 4.23 设置端口

　　在图 4.23 中,选择是否启用 TCP/IP 连接,设定端口。如果不启用,就只能在自己的机器上访问 MySQL 数据库了;如果选启用,就把前面的勾打上,Port Number:3306。在这个页面上,还可以选择"启用标准模式"(Enable Strict Mode),这样 MySQL 就不会允许出现细小的语法错误。对于新手,建议取消标准模式以减少麻烦。但熟悉 MySQL 以后,尽量使用标准模式,因为它可以降低有害数据进入数据库的可能性。按"Next"继续。如图 4.24 所示,设置数据库语言编码。

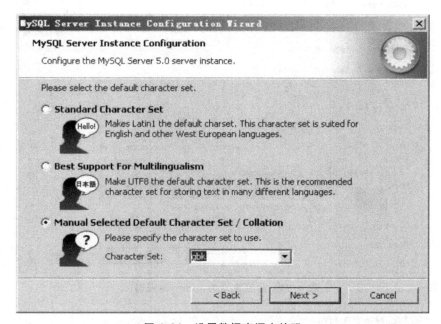

图 4.24　设置数据库语言编码

　　图 4.24 是对 MySQL 默认数据库语言编码进行设置,第一个是西文编码,第二个是多字节的通用 utf8 编码,都不是我们通用的编码,这里选择第三个,然后在 Character Set 那里选择或填入"gbk",当然也可以用"gb2312",区别就是 gbk 的字库容量大,包括了 gb2312 的所有汉字,并且加上了繁体字,以及其他乱七八糟的字——使用 MySQL 的时候,在执行数据操作命令之前运行一次"SET NAMES GBK;"(运行一次就行了,GBK 可以替换为其他值,视这里的设置而定),就可以正常地使用汉字(或其他文字)了,否则不能正常显示汉字。按"Next"继续。如图 4.25 所示。

　　在图 4.25 中,选择是否将 MySQL 安装为 Windows 服务,还可以指定 Service Name(服务标识名称),是否将 MySQL 的 bin 目录加入到 Windows PATH(加入后,就可以直接使用 bin 下的文件,而不用指出目录名,比如链接,"mysql. exe-uusername-ppassword;"就可以了,不用指出 mysql. exe 的完整地址,很方便),这里全部打上了勾,Service Name 不变。按"Next"继续。如图 4.26 所示,设置超级管理员密码。

　　在图 4.26 中,询问是否要修改默认 root 用户(超级管理)的密码(默认为空):"New root password",如果要修改,就在此填入新密码(如果是重装,并且之前已经设置了密码,在这里更改密码可能会出错,请留空,并将"Modify Security Settings"前面的勾去掉,安装配置完成后另行修改密码),"Confirm(再输一遍)"内再填一次,防止输错。"Enable root access from remote machines(是否允许 root 用户在其他的机器上登录,如果要安全,就不要勾上,如果要方便,就勾上它)"。最后"Create An Anonymous Account(新建一个匿名用户,匿名用户可以连接数据库,不能操作数据,包括查询)",一般就不用勾了,设置完毕,按"Next"继续。如图4.27 所示。

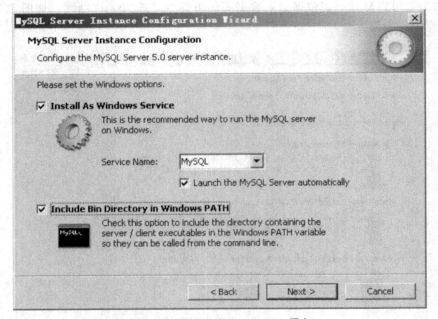

图 4.25　是否设定为 windows 服务

图 4.26　设置 root 用户密码

在图 4.27 中,确认设置是否有误,如果有误,按"Back"返回检查。否则按"Execute"使设置生效。如图 4.28 所示,设置完毕并生效。

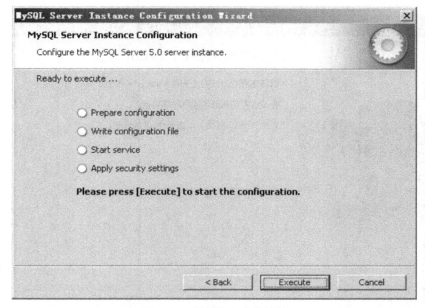

图 4.27　返回检查或者继续

在图 4.28 中,设置完毕,按"Finish"结束 MySQL 的安装与配置——这里有一个比较常见的错误,就是不能"Start service",一般出现在以前有安装 MySQL 的服务器上,解决的办法,先保证以前安装的 MySQL 服务器彻底卸载掉了;不行的话,检查是否按上面一步所说,之前的密码是否有修改,照上面的操作;如果依然不行,将 MySQL 安装目录下的 data 文件夹备份,然后删除,在安装完成后,将安装生成的 data 文件夹删除,备份的 data 文件夹移回来,再重启 MySQL 服务就可以了。这种情况下,可能需要将数据库检查一下,然后修复一次,防止数据出错。

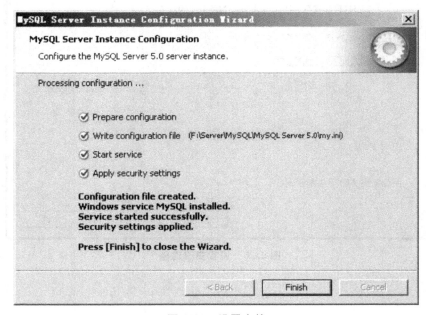

图 4.28　设置生效

（2）MySQL-Front 的安装

双击下载的 MySQL-Front 安装文件 MySQL-Front_Setup. exe，出现图 4.29 界面。

图 4.29　MySQL-Front 安装欢迎页

按"下一步"继续，出现图 4.30 界面，设置安装路径。

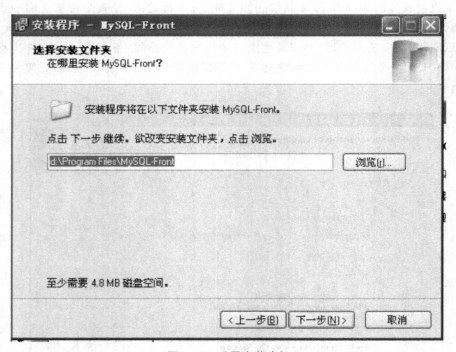

图 4.30　设置安装路径

选择安装目录,按"下一步"继续,出现图 4.31 界面,设置快捷方式及其名称。

图 4.31　设置快捷方式

按"下一步"继续,出现图 4.32 界面,选择是否需要额外任务。

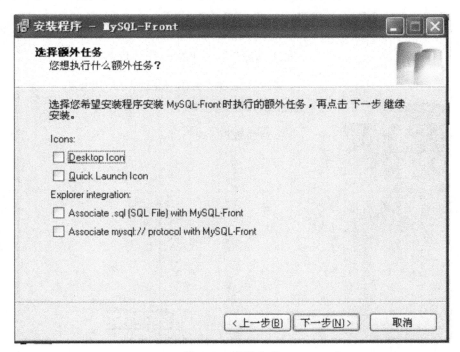

图 4.32　额外任务

在图 4.32 中什么都不选,按"下一步"继续,出现图 4.33 界面,开始安装。

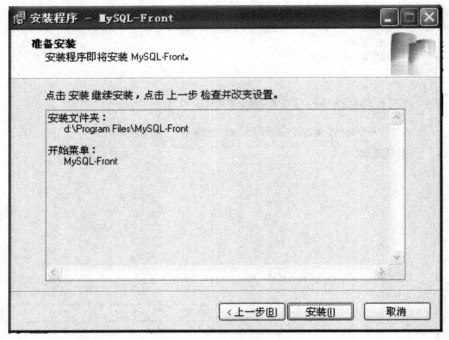

图 4.33   开始安装

按"安装",出现图 4.34 界面,安装完成。

图 4.34   安装完成

在图 4.34 中按"完成"，MySQL-Front 安装后，打开程序。就会看到下面这么一个画面（当然，如果是第一次使用，"对话"里面就应该是空的）。这个时候，单击新建，看到的就是添加新对话的对话框。在"一般"选择卡中，只有一个"登录信息"可以填写，但这个其实只是填写一个你可以识别数据的名称就可以了。这里就写"localhost"，如图 4.35 所示。

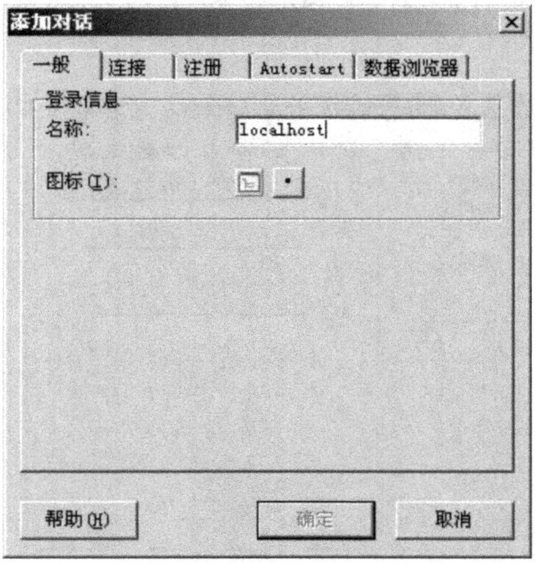

图 4.35　建立连接

再点击"连接"选项卡。其中："服务器"填写数据库服务器所用的 IP 或者域名；"端口"写 3306，默认是 3306，一般程序下不会更改。如图 4.36 所示，一般的选项就用默认值。

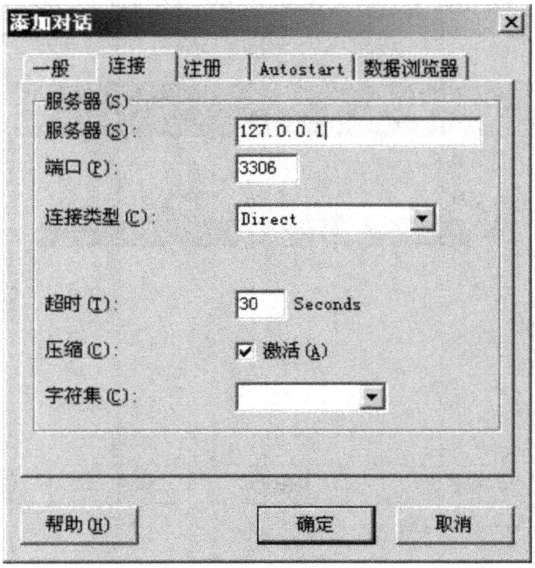

图 4.36　设置服务器

"注册"选项卡。填数据库的用户名与密码。如图 4.37 所示。

"数据库"选项,在填写完正确的服务器地址与用户名和密码后,点击它后面的那个小方块,就可以选择要管理的数据库。这个功能在用户有多个数据的管理权限,而又不想一次打开所有的数据的情况下特别有用。

"autostart"是在打开时自动执行一些 SQL 命令;"数据库浏览器"则是定制 MySQL-Front 视图 。

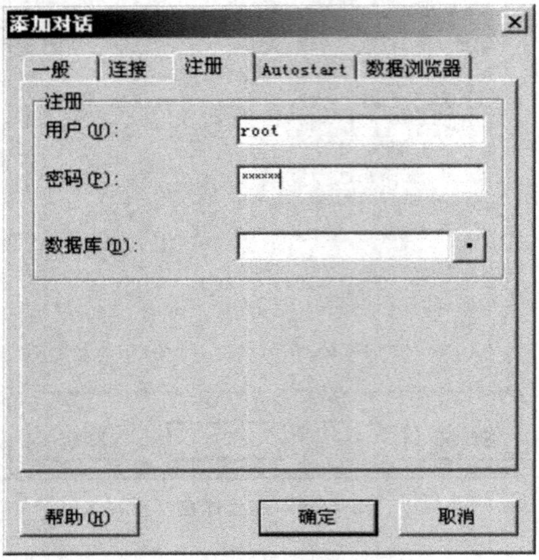

图 4.37　注册信息

点击"确定",就可以到登录提示框。如图 4.38 所示,点击"打开",就连接到 MySQL 上去了。

图 4.38　登录到 MySQL

（3）在 MySQL 中建立数据库以及表

在"localhost"上点击鼠标右键，选择弹出菜单中的"Database…"，如图 4.39 所示。

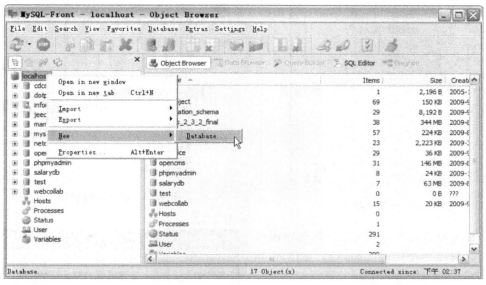

图 4.39　新建数据库

指定创建的数据库名称"test"，如图 4.40 所示。

准备在"test"数据库中新建表。鼠标右键点击"test"数据库，选择"新建"→"表格"。如图 4.41 所示。

图 4.40　建立数据库

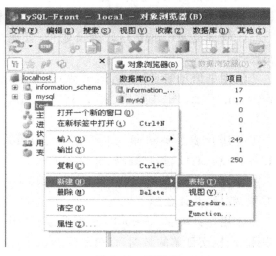

图 4.41　新建表

指定表名和相关设置，这里表名为"book"图书信息表。如图 4.42 所示。

在图 4.43 左侧选中"book"表，右侧点击鼠标右键，选择"新建"→"字段"以创建表的字段。

图 4.42 设置表名

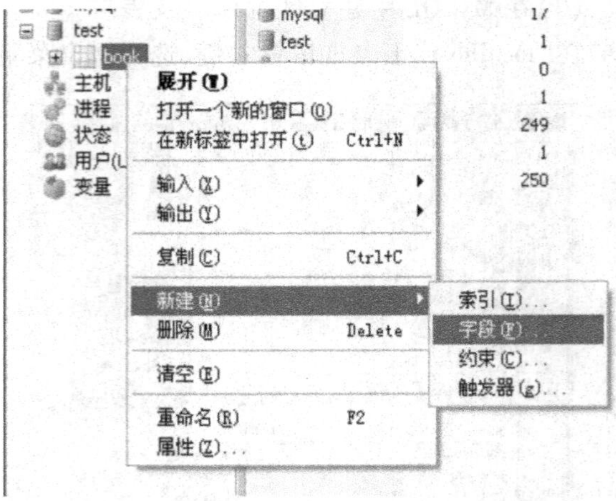

图 4.43 新建表的字段

MySQL 默认一个 Id 字段,且将此字段设为主键。新建一个字段"name"。如图 4.44 所示。

若还要为该表建其他字段,则打开"book"表,右侧点击鼠标右键,选择"新建"→"字段"以创建表的其他各个字段。如图 4.45 所示,新建其他字段。

根据项目需求,在该数据库中需要设计以下数据库表:

①管理员表(admin):管理员账号、管理员密码。

②图书信息表(book):图书编号、书名、作者、出版社、图书类别、是否列为新书、单价。

③用户表(customer):用户账号、密码、姓名、性别、地址、邮政编码、电话、E-mail。

④订单表(orderlist):订单号、用户账号、书号、数量、共计金额。

⑤用户订单表(userorder):账单编号、用户账号、提交订单的日期、订单总额。

图 4.44 新建字段 name

⑥图书评论表(bookcomment):图书评论编号、被评论图书的书号、评论者、图书评论内容、总体评价(用星表示)。

为了保证数据的完整性,表之间的关系如图 4.46 所示。

图 4.45 新建字段

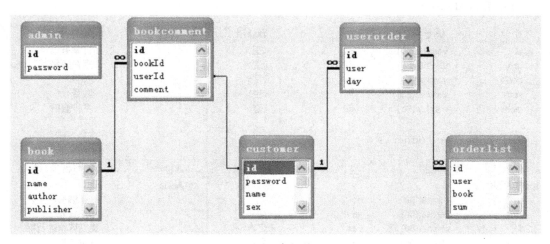

图 4.46 表间关系

表结构如图 4.47 所示。

管理员表（admin）：

名称	类型	空	默认值	属性	备注(C)
主索引(P)	id			unique	
id	varchar(50)	no			管理员帐号
password	varchar(50)	yes	<空>		管理员密码

图书信息表（book）：

名称	类型	空	默认值	属性	备注(C)
主索引(P)	id			unique	
bookId	id			unique	
id	varchar(10)	no			图书编号
name	varchar(50)	yes	<空>		书名
author	varchar(20)	yes	<空>		作者
publisher	varchar(50)	yes	<空>		出版社
type	varchar(50)	yes	<空>		图书类别
ifNew	varchar(50)	yes	<空>		是否列为新书…
price	varchar(10)	yes	<空>		单价

用户表（customer）：

名称	类型	空	默认值	属性	备注(C)
主索引(P) id				unique	
id	varchar(11)	no			用户帐号
password	varchar(13)	yes	<空>		密码
name	varchar(10)	yes	<空>		姓名
sex	varchar(2)	yes	<空>		性别："男"或"女"
address	varchar(50)	yes	<空>		地址
code	varchar(10)	yes	<空>		邮政编码
tel	varchar(15)	yes	<空>		电话
email	varchar(30)	yes	<空>		E-mail

订单表（orderlist）：

名称	类型	空	默认值	属性	备注(C)
id	varchar(50)	yes	<空>		订单号
user	varchar(50)	yes	<空>		用户帐号
book	varchar(50)	yes	<空>		书号
sum	varchar(50)	yes	<空>		数量
money	varchar(50)	yes	<空>		共计金额

用户订单表（userorder）：

名称	类型	空	默认值	属性	备注(C)
主索引(P) id				unique	
id	varchar(50)	no			帐单编号
user	varchar(50)	yes	<空>		用户帐号
day	varchar(50)	yes	<空>		提交订单的日期
money	varchar(50)	yes	<空>		订单总额

图书评论表（bookcomment）：

名称	类型	空	默认值	属性	备注(C)
主索引(P) id				unique	
id	varchar(50)	no			书评编号
bookId	varchar(50)	yes	<空>		被评论图书的…
userId	varchar(50)	yes	<空>	utf8	评论者：登陆…
comment	varchar(50)	yes	<空>	utf8	书评内容
stars	varchar(50)	yes	<空>		总体评价：0-5

图 4.47 表结构

2. 网上书店项目的 JDBC 开发步骤

采用由 JDBC 驱动直接访问数据库的方式。

（1）装入连接数据库的 JDBC 驱动程序。

Try{Class. forName（"com. mysql. jdbc. Driver"）. newInstance（）;//装入 mysql 的 jdbc 驱动程序,此驱动程序需下载并将其放置到 Web 项目的 WEB-INF\lib 文件夹下
}catch（ClassNotFoundException ex）{ }

（2）定义连接 URL 字符串。

```
①String host = "localhost";//定义数据库服务器的主机名
②String dbName = "test";//dbName 是 MySQL 数据库名
③String port = "3306";//MySQL 数据库的端口号
④String url = "jdbc:mysql://" + host + ":" + port + "/" + dbname + "? useUnicode =
true&characterEncoding = GBK";
```

（3）建立和数据库的连接。

```
①String username = "root";
②String password = "123456";
③Connection conn =
Java. sql. DriverManager. getConnection( url,username,password);
```

（4）创建 Statement 对象或 PreparedStatement 对象。

```
Java. sql. Statement stmt = conn. createStatement( );
Java. sql. PreparedStatement pstmt = conn. prepareStatement( sql);
```

（5）执行 SQL 语句查询,得到记录集 ResultSet。

```
ResultSet rs = stmt. executeQuery("select * from customer");//获得全部用户表信息
```

（6）处理记录集结果。
（7）关闭相关 SQL 对象。

【要点小结】

1. MySQL 数据库的安装以及 MySQL-Front 的安装。

2. 网上书店网站在 MySQL 中建库和建表的方法。

3. 在 JSP 中连接数据库的两种方法:由 JDBC 驱动直接访问数据库或使用 JDBC-ODBC 进行桥连。

4. JDBC 开发步骤:装入连接数据库的 JDBC 驱动程序、建立和数据库的连接、创建 Statement 对象、执行 SQL 语句、处理 SQL 执行结果。

【课外拓展】

1. 常用数据库的 JDBC 连接代码:

（1）JSP 连接 Oracle8/8i/9i 数据库（用 thin 模式）。

```
Class. forName( "oracle. jdbc. driver. OracleDriver" );
Connection cn = DriverManager. getConnection( "jdbc:oracle:thin:@ MyDbComputerName-
OrIP:1521:ORCL", sUsr, sPwd );
```

（2）JSP 连接 SQL Server7.0/2000 数据库。

```
Class. forName( "com. microsoft. jdbc. sqlserver. SQLServerDriver" );
Connection cn = DriverManager. getConnection( "jdbc:microsoft:sqlserver://MyDbComput-
erNameOrIP:1433;databaseName = "master", sUsr, sPwd );
```

（3）JSP 连接 DB2 数据库。

```
Class. forName("com. ibm. db2. jdbc. net. DB2Driver");
String url = "jdbc:db2://192.9.200.108:6789/SAMPLE"
Connection cn = DriverManager. getConnection( url, sUsr, sPwd );
```

（4）JSP 连接 Informix 数据库。

```
Class. forName("com. informix. jdbc. IfxDriver"). newInstance();
String url = "jdbc:informix-sqli://123.45.67.89:1533/testDB:INFORMIXSERVER =
myserver; user = testuser;password = testpassword";
Connection cn = DriverManager. getConnection( url);
```

（5）JSP 连接 Sybase 数据库。

```
Class. forName( "com. sybase. jdbc2. jdbc. SybDriver" );
Connection   cn = DriverManager. getConnection( "jdbc:sybase:Tds:MyDbComputerName-
OrIP:2638" , sUsr, sPwd );
```

2. 练习在 JSP 中连接数据库的两种方法，配置数据源及下载 JDBC 驱动程序。

任务 2   用户登录及注册功能完善

【任务目标】

1. 掌握 Connection 对象。

2. 掌握 Statement 对象和 PreparedStatement 对象。

3. 掌握 ResultSet 对象。

4. 掌握数据库检索技术。

5. 掌握数据库添加技术。

【任务描述】

完成登录功能和注册功能的编码及调试。

【理论知识】

1. JSP 中与 SQL 相关的对象

（1）Connection 对象

Connection 对象代表与数据源进行的唯一会话，建立 JSP 与数据源的连接。如果是客户端/服务器数据库系统，该对象可以等价于到服务器的实际网络连接。取决于提供者所支持的功能，Connection 对象的某些集合、方法或属性有可能无效。

常用方法有 isClosed( )、commit( )、close( )、rollback( )、getMetaData( )、createStatement( )、prepareStatement( )、prepareCall( )。

（2）Statement 对象

Statement 对象用于将 SQL 语句发送到数据库中。实际上有三种 Statement 对象，它们都作为在给定连接上执行 SQL 语句的容器：Statement、PreparedStatement（它从 Statement 继承而来）和 CallableStatement（它从 PreparedStatement 继承而来）。

PreparedStatement 实例包含已编译的 SQL 语句。这就是使语句"准备好"。

CallableStatement 对象为所有的 DBMS 提供了一种以标准形式调用储存过程的方法。储存过程储存在数据库中。对储存过程的调用是 CallableStatement 对象所含的内容。这种调用操作有两种形式：一种形式带结果参数，另一种形式不带结果参数。结果参数是一种输出（OUT）参数，是储存过程的返回值。两种形式都可带有数量可变的输入（IN 参数）、输出（OUT 参数）或输入和输出（INOUT 参数）的参数。问号将用作参数的占位符。

常用方法有 execute( )、executeQuery( )、executeUpdate( )、addBatch( )、executeBatch( )、clearBatch( )。

（3）ResultSet 对象

执行查询就是为了获得数据结果，JDBC 中 java. sql. ResultSet 接口包对象就是用来表示查询的 0 个或者多个结果的。通过相应的方法对数据库进行操作，并对 SQL 查询语句返回一个 ResultSet 对象。ResultSet 中每个结果表示一个数据库行信息并且可以跨越一个或者多个表。ResultSet 接口中常用方法：

```
rs. previous( );//向前滚动
rs. next( );//向后滚动，用于移动到 ResultSet 中的下一行，使下一行成为当前行
rs. getRow( );//得到当前行号
rs. absolute(n );//光标定位到 n 行
rs. relative(int n );//相对移动 n 行
rs. first( );//将光标定位到结果集中第一行
rs. last( );//将光标定位到结果集中最后一行
rs. beforeFirst( )//将光标定位到结果集中第一行之前
rs. afterLast( );//将光标定位到结果集中最后一行之后
rs. moveToInsertRow( );//光标移到插入行
rs. moveToCurrentRow( );//光标移回到调用 rs. moveToInsertRow( )方法前光标所在行
//测试光标位置
rs. isFirst( )
rs. isLast( )
rs. isBeforeFirst( )
rs. isAfterLast( )
```

在可更新结果集中可用的方法有：

```
rs. insertRow( );//把插入行加入数据库和结果集
rs. deleteRow( );//从数据库和结果集中删除当前行
rs. updateXXX(int column,XXX data );//XXX 代表 int/double/String/Date 中类型之一
rs. updateXXX(String columnName,String Data );
//以上两个方法更新结果集当前行
rs. updateRow( );//更新内容发送到更新数据库
```

（4）DriverManager 类

DriverManager 类是 JDBC 的管理层，作用于用户和驱动程序之间。它跟踪可用的驱动程序，并在数据库和相应驱动程序之间建立连接。另外，DriverManager 类也处理诸如驱动程序登录时间限制以及登录和跟踪消息的显示等事务。对于简单的应用程序，一般需要在此类中直接使用的唯一方法是 DriverManager. getConnection。正如名称所示，该方法将建立与数据库的连接。JDBC 允许用户调用 DriverManager 的方法 getDriver、getDrivers 和 register-Driver 及 Driver 的方法 connect。

2. 常用 SQL 语句

检索：select * from table1 where 范围。

插入：insert into table1（field1，field2） values（value1，value2）。

删除：delete from table1 where 范围。

更新：update table1 set field1 = value1 where 范围。

查找：select * from talbe1 where field1 like '% value1% '。

倒排序：select * from table1 order by filed1 desc。

记录总数：select count（ * ） as totalcount from table1。

求和：select sum（field1） as field1sum from table1。

【实训演示】

用户注册登录系统设计

用户访问站点的 index. jsp 页面时，系统会首先判断用户是否登录。如果用于处于登录状态，则可以进行产品浏览；如果用户没有登录，会跳转到登录页面。在用户登录界面，如果用户还没有账户，可以单击"注册"链接进行用户注册。注册成功之后，系统会返回到首页并默认设置用户为登录状态。在首页，用户也可以单击"注销"来安全退出登录状态。

用户注册功能即往数据库添加一条用户信息的记录，用户登录功能即数据库查询功能。由于系统中用户名一般不允许重复，用户登录就是查询数据库中是否存在这样一条记录，它的用户名和密码是用户输入的信息。

（1）用户注册功能实现过程

步骤 1：数据库中表的设计（见图 4.48）。

名称	类型	空	默认值	属性	备注(C)
主索引(P)	id			unique	
id	varchar(11)	no			用户帐号
password	varchar(13)	yes	<空>		密码
name	varchar(10)	yes	<空>		姓名
sex	varchar(2)	yes	<空>		性别："男"或"女"
address	varchar(50)	yes	<空>		地址
code	varchar(10)	yes	<空>		邮政编码
tel	varchar(15)	yes	<空>		电话
email	varchar(30)	yes	<空>		E-mail

图 4.48　数据库中表结构

步骤 2：加载数据库驱动（以项目为例子）。

```
try{    Class. forName("com. mysql. jdbc. Driver");
}catch(ClassNotFoundException e){    out. print(e);}
```

步骤 3:连接数据库。

```
Connection con =
DriverManager. getConnection("jdbc:mysql://localhost:3306/test","root","123456");
    //数据库连接对象 con 如果不为空,则表示已成功连接上数据库 test
```

步骤 4:执行 SQL 语句(以 Statement 对象为例)。

```
try{
String sql = "insert into customer
(ID,PASSWORD,NAME,SEX,ADDRESS,CODE,TEL,EMAIL)
values('" + id + "','" + password + "','" + name + "','" + sex + "','" + address + "','" +
code + "','" + tel + "','" + email + "')";//构造 SQL 语句
Statement stmt = con. createStatement();    //创建 Statement 对象
stmt. executeUpdate(sql);   //往 customer 表插入一条记录
con. close();   //关闭数据库连接对象
stmt. close();   //关闭 Statement 对象
session. set Attribute("userId",id);   //将注册成功的用户名放入 session 对象
response. sendRedirect("success. jsp");   //网页跳转到成功页面
}catch(SQLException e){    out. print(e);}
```

若使用 PreparedStatement 对象发送 SQL 语句,则代码是:

```
String sql = "insert into customer (ID,PASSWORD,NAME,SEX,ADDRESS,CODE,TEL,
EMAIL) VALUES(?,?,?,?,?,?,?,?)";
    PreparedStatement pstmt = null;          //PreparedStatement 对象初始化
    pstmt = con. prepareStatement(sql);    //发送 SQL 语句
    pstmt. setInt(1,id);                     //赋值
    pstmt. setString(2,password);            //赋值
    pstmt. setString(3,name);                //赋值
pstmt. setInt(4,sex);                        //赋值
    pstmt. setString(5,address);             //赋值
    pstmt. setString(6,code);                //赋值
pstmt. setInt(7,tel);                        //赋值
    pstmt. setString(8,email);               //赋值
    pstmt. executeUpdate();                  //执行 SQL 语句
```

步骤 5:程序运行过程及结果如图 4.49 ~ 图 4.51 所示。

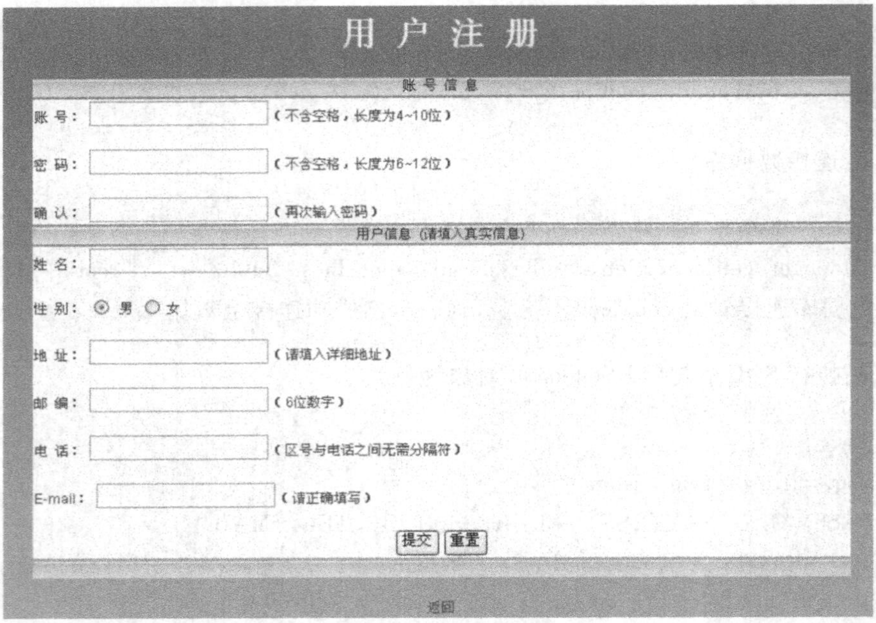

用 户 注 册

账 号 信 息

账 号：＿＿＿＿＿＿＿＿＿＿ （不含空格，长度为4~10位）

密 码：＿＿＿＿＿＿＿＿＿＿ （不含空格，长度为6~12位）

确 认：＿＿＿＿＿＿＿＿＿＿ （再次输入密码）

用户信息（请填入真实信息）

姓 名：＿＿＿＿＿＿＿＿＿＿

性 别： ◉ 男 ◯ 女

地 址：＿＿＿＿＿＿＿＿＿＿ （请填入详细地址）

邮 编：＿＿＿＿＿＿＿＿＿＿ （6位数字）

电 话：＿＿＿＿＿＿＿＿＿＿ （区号与电话之间无需分隔符）

E-mail：＿＿＿＿＿＿＿＿＿＿ （请正确填写）

提交 重置

返回

图 4.49 注册页面

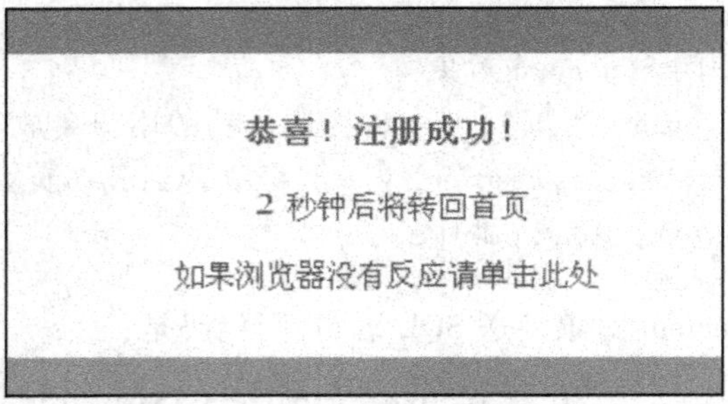

恭喜！注册成功！

2 秒钟后将转回首页

如果浏览器没有反应请单击此处

图 4.50 注册成功页面

图 4.51 注册成功自动跳转主页

（2）用户登录功能实现过程

步骤1：数据库中customer表的设计（见图4.52）。

名称	类型	空	默认值	属性	备注(C)
主索引(P)	id			unique	
id	varchar(11)	no			用户帐号
password	varchar(13)	yes	<空>		密码
name	varchar(10)	yes	<空>		姓名
sex	varchar(2)	yes	<空>		性别："男"或"女"
address	varchar(50)	yes	<空>		地址
code	varchar(10)	yes	<空>		邮政编码
tel	varchar(15)	yes	<空>		电话
email	varchar(30)	yes	<空>		E-mail

图4.52　数据库中customer表结构

步骤2：加载数据库驱动（以项目为例子）。

```
try{    Class. forName("com. mysql. jdbc. Driver");
}catch(ClassNotFoundException e){    out. print(e);}
```

步骤3：连接数据库。

```
 con = DriverManager. getConnection ("jdbc:mysql://127. 0. 0. 1:3309/a","root","
123456");
```

步骤4：执行SQL语句。

```
if(session. getAttribute("userId") = = null){
    String id = request. getParameter("id");    //获取用户名
    String pwd = request. getParameter("password");    //获取密码
    String query = "SELECT * FROM customer WHERE id = ? and password = ?";
    PreparedStatement pstmt = null;    //创建 PreparedStatement 对象
    pstmt = con. prepareStatement(query);    //发送 sql 语句
    pstmt. setString(1,id);
    pstmt. setString(2,pwd);
    ResultSet resultset = pstmt. executeQuery();    //得到结果集
    try{
        if(resultset. next()){    //一个结果集将游标最初定位在第一行的前面,next()
方法将游标移到结果集的第一条记录。因为用户名唯一,结果集至多一条记录,因此此处用
if来判断结果集是否为空。
            session. setAttribute("userId", id);//登录成功将用户名存入 session
            response. sendRedirect("index. jsp");//网页跳转回首页
        }else{
            request. setAttribute("errInf"," * 密码与账号不匹配");
        }
```

```
} catch(SQLException sqle) {
        System. err. println( " Erro with connection:" + sqle);
}

con. close( );
stmt. close( );
}
```

步骤 5:程序运行过程及结果如图 4.53 ~ 图 4.55 所示

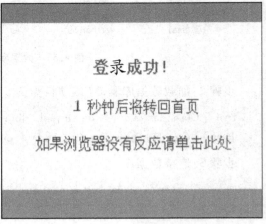

图 4.53　登录页面　　　　　　　　　　　图 4.54　登录成功页面

图 4.55　登录成功自动跳转主页

【要点小结】

1. JSP 中与 SQL 相关的对象和 JDBC 可以完成的工作是一一对应的:Connection 负责和数据库建立连接、Statement 负责向数据库发送 SQL 语句、ResultSet 是执行 SQL 语句后得到的记录集合及 DriverManager 类用于用户和驱动程序之间的管理。

2. 用户注册功能就是实现往用户表插入一条记录的功能,用户登录就是检索数据库功能,根据检索结果是否为空来判断用户的合法性。

【课外拓展】

为防止强行破译,登录页面最好设置验证码,如图 4.56 所示。

图 4.56　设 置 验 证 码

(1)验证码是什么?

验证码就是将一串随机产生的数字或符号,生成一幅图片,图片里加上一些干扰像素(防止 OCR),由用户肉眼识别其中的验证码信息,输入表单提交网站验证,验证成功后才能使用某项功能。

(2)验证码的作用是什么?

验证码一般是防止有人利用机器人自动批量注册、对特定的注册用户用特定程序以暴力破解方式进行不断的登陆、灌水。因为验证码是一个混合了数字或符号的图片,人眼看起来都费劲,机器识别起来就更困难。像百度贴吧未登录发帖要输入验证码就是要防止大规模匿名回帖的发生。一般注册用户 ID 的地方以及各大论坛都要输入验证码。

(3)JSP 中如何实现验证码功能?

验证码表单页代码:

```
< %@ page contentType = "text/html; charset = gb2312" language = "Java" % >
< html > < body >
< form method = post action = "result. jsp" >
< input type = text name = input maxlength = 4 >
< img border = 0 src = "image. jsp" >
< input type = "submit" value = "submit" >
< /form > < /body > < /html >
```

产生验证码图片的页面 image. jsp:

```
< %@ page contentType = "image/JPEG"    pageEncoding = "GBK"
import = "Java. awt. * ,Java. awt. image. * ,Java. util. * ,Javax. imageio. * "    % >
< %! Color getRandColor( int fc, int bc) {//给定范围获得随机颜色
    Random random = new Random( );
    if ( fc > 255)    fc = 255;
    if ( bc > 255) bc = 255;
    int r = fc + random. nextInt( bc-fc);
    int g = fc + random. nextInt( bc-fc);
    int b = fc + random. nextInt( bc-fc);
    return new Color( r, g, b);
}
```

```
//设置页面不缓存
response. setHeader("Pragma", "No-cache");
response. setHeader("Cache-Control", "no-cache");
response. setDateHeader("Expires", 0);
//在内存中创建图像
int width = 60, height = 20;
BufferedImage image = new BufferedImage(width, height,
BufferedImage. TYPE_INT_RGB);
//获取图形上下文
Graphics g = image. getGraphics();
//生成随机类
Random random = new Random();
//设定背景色
g. setColor(getRandColor(200, 250));
g. fillRect(0, 0, width, height);
//设定字体
g. setFont(new Font("Times New Roman", Font. PLAIN, 18));
//画边框
//g. setColor(new Color());
//g. drawRect(0,0,width-1,height-1);
//随机产生155条干扰线,使图像中的认证码不易被其他程序探测到
g. setColor(getRandColor(160, 200));
for (int i = 0; i < 100; i + +){
    int x = random. nextInt(width);
    int y = random. nextInt(height);
    int xl = random. nextInt(12);
    int yl = random. nextInt(12);
    g. drawLine(x, y, x + xl, y + yl);
}
//取随机产生的认证码(4位数字)
String sRand = "";
for (int i = 0; i < 4; i + +){
    String rand = String. valueOf(random. nextInt(10));
    sRand + = rand;
    //将认证码显示到图像中
    g. setColor(new Color(20 + random. nextInt(110), 20 + random. nextInt(110), 20 +
random. nextInt(110)));
        //调用函数出来的颜色相同,可能是因为种子太接近,所以只能直接生成
```

```
        g. drawString( rand, 13 * i + 6, 16);
    }
    //将认证码存入 SESSION
    session. setAttribute( "code", sRand) ;
    //图像生效
    g. dispose( );
    //输出图像到页面
    ImageIO. write( image, "JPEG", response. getOutputStream( ) );
%>
```

验证码输入结果判断页面 result. jsp：

```
<%@ page language = "Java" import = "Java. util. *" pageEncoding = "GBK"%>
<html> <body>
<%
    String input = request. getParameter( "input") ;
    String code = ( String) session. getAttribute( "code") ;
    if( input. equals( code) ) {
        out. println( "验证成功!") ;
    } else {
        out. println( "验证失败!") ;
    }
%>
</body> </html>
```

任务3 书籍信息的动态显示

【任务目标】

1. 掌握 Connection 对象。

2. 掌握 Statement 对象和 PreparedStatement 对象。

3. 掌握 ResultSet 对象。

4. 掌握数据库检索技术。

【任务描述】

能完成书籍信息的显示功能的编码及调试。

【理论知识】

书籍信息的动态显示的工作原理就是查询数据库书籍表中的记录,使用 Statement 对象的 executeQuery 方法产生查询结果集 ResultSet。使用 ResultSet 的 next( )方法,可以顺序地查询每一行记录。在每一行上使用 ResultSet 的 getString("字段名")可以获取当前行某个字段的值。

【实训演示】

1. 书籍信息列表方式显示

要想显示书籍记录,牵涉到对数据库的查询操作,即为从数据库的书籍信息表中把所有记录显示在网页上。如图 4.57 所示。

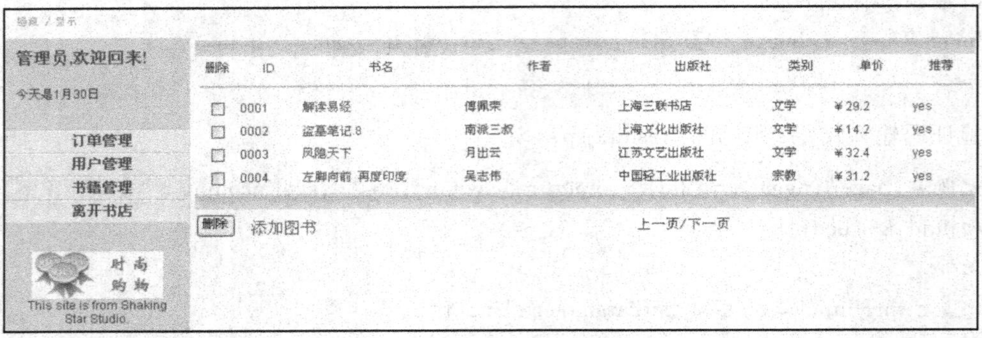

图 4.57　数据库记录显示

步骤 1:数据库中 book 表的设计。

步骤 2:加载数据库驱动(以项目为例子)。

```
try{    Class. forName("com. mysql. jdbc. Driver");
}catch(ClassNotFoundException e){    out. print(e);}
```

步骤 3:连接数据库。

```
con = DriverManager. getConnection("jdbc:mysql://127. 0. 0. 1:3306/test","root","123456");
```

步骤 4:执行 SQL 语句。

```
< table width = "100%" border = "0" >    //表头部分
    < tr >
        < td width = "5%" > < div align = "center" >删除</div > </td >
```

```
            < td width = "8%" > < div align = "center" > ID </div > </td >
        < td width = "21%" > < div align = "center" > 书名 </div > </td >
        < td width = "20%" > < div align = "center" > 作者 </div > </td >
        < td width = "20%" > < div align = "center" > 出版社 </div > </td >
        < td width = "8%" > < div align = "center" > 类别 </div > </td >
        < td width = "10%" > < div align = "center" > 单价 </div > </td >
        < td width = "8%" > < div align = "center" > 推荐 </div > </td >
    </tr >
<%    String query = "SELECT * FROM book";
    PreparedStatement pstmt = con. prepareStatement(query);    //发送 sql 语句
    ResultSet resultset = pstmt. executeQuery();    //得到结果集
    while (resultset. next()){    //循环显示结果集对象
            bookId = resultset. getString("id");
%>
```

`< input name = "bookId" type = "checkbox" id = "bookId"` `value = " < % = bookId % >" >`

用书籍编号作为复选框的值来唯一标识一本书

`< td class = "abc" > < % = bookId % > </td >`　　　书籍标题超链接到显示书籍详细内容页

`< td class = "abc" > < a href =` `"changeBookInf. jsp? bookId = " + bookId`

`onClick = "window. open('` 弹出窗口,显示该书的评论信息页面

`commentManage. jsp? bookId = ' + bookId,` `'', width = 850, height = 600, scrollbars = yes,`

`resizeable = yes, ststus = yes');" >` `< % = resultset. getString("name")% >` `</a > </`

`td >`

`< td class = "abc" > < % = resultset. getString("author") % > </td >`　　显示书名

`< td class = "abc" > < % = resultset. getString("publisher") % > </td >`

`< td class = "abc" > < % = resultset. getString("type") % > </td >`

`< td class = "abc" > &yen; < % = resultset. getString("price") % > </td >`

`< td class = "abc" > < % = resultset. getString("ifNew") % > </td >`

```
    < %
}
con. close();
stmt. close();
% >
```

2. 按条件显示书籍信息

　　信息系统主要功能有精确查询和模糊查询。精确查询就是信息要完全和输入的条件一致才会被查询到,如身份证号码的查询、性别的查询等;模糊查询就是只要信息中包含有输入字符串就可以被查询到,如查找姓"张"的人的信息、查找书籍名称中含有"历史"二字的信息等。在一般系统中,模糊查询用得较多。

由于要获取输入的查询条件信息,因此查询条件要放在表单里,search 按钮则为"sub-mit"类型,完成表单的提交功能,如图 4.58 所示。

图 4.58　按条件搜索书籍

输入"全球",书名、作者或出版社中,只要包含有"全球"二字的书籍信息,都显示出来,这属于模糊查询。查询结果如图 4.59 所示,只显示了一本书的信息,也说明在系统的数据库中,符合这个条件的书籍记录只有一条。

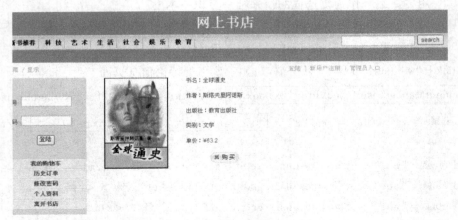

图 4.59　按条件搜索书籍的结果页面

和"全部书籍记录的显示"功能不同之处只在于执行的 SQL 语句有所区别,连接数据库和执行 SQL 语句及返回后处理 ResultSet 对象的代码都相同。代码如下:

```
String key = request. getParameter( "key" ) ;
                                //key 变量用于储存用户搜索输入的条件信息
If ( key!  = null) {
    key = new String( key. getBytes( "iso-8859-1") ) ;   //汉字转换
}
String query = "SELECT  *  FROM book where name LIKE "%" + key + "%" or
                              author LIKE "%" + key + "%" or
                              publisher LIKE "%" + key + "%" ;
```

SQL 语句中‘%’是通配符,表示字符串中包含此子串。

此外,还可以按书籍种类进行查询。代码如下:

```
String type = request. getParameter("type");
                                //type 变量用于储存用户选择的书籍种类信息
String query = "SELECT * FROM book where type = '" + type + "'";
```

【要点小结】

1. 使用 Connection、Statement、ResultSet 对象实现从数据库检索记录的技术;

2. 用于数据库检索的 SQL 语句是 select 语句,利用 where 子句实现条件查询。

【课外拓展】

多个条件的组合查询可利用 where 子句的 and 关键字将各个条件组合起来。如查询书籍类型为文学且书名中有"通史"字样、价格不超过 100 元的书籍的 SQL 语句:

```
SELECT * FROM book where type = "文学" and name like"%通史%"and price < =100
```

任务 4　书籍信息的添加

【任务目标】

1. 掌握 Connection 对象。

2. 掌握 Statement 对象和 PreparedStatement 对象。

3. 掌握 ResultSet 对象。

4. 掌握在数据库中添加记录的技术。

【任务描述】

能完成书籍信息写入数据库功能的编码及调试。

【理论知识】

和用户注册功能类似,书籍信息添加就是往书籍信息表中插入一条记录。利用表单输入书籍各项信息,利用 SQL 的 insert into 语句完成数据库操作。

【实训演示】

1. 书籍信息添加功能分析

书籍信息添加和用户注册功能其实是相同的,不同的是将一本书的信息添加到数据库表 book 中,而用户注册是将用户信息添加到数据库表 customer 中。

首先,设计一个供填写新书籍信息的表单页面。如图 4.60 所示。

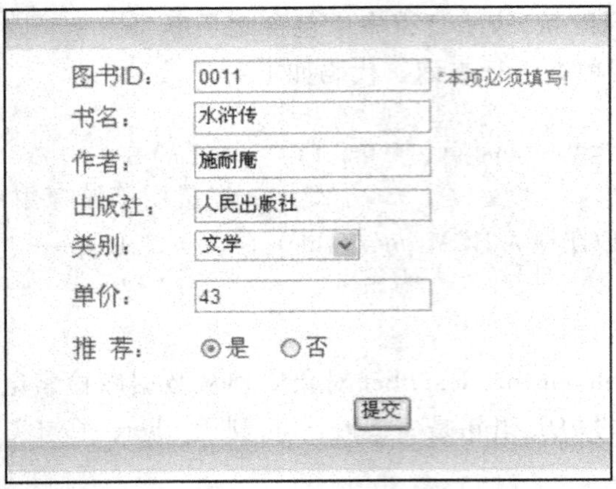

图 4.60　书籍添加页面

点击提交后,回到显示书籍页面,新增加的书籍信息也列在其中(在最后一页的最后一项)。如图 4.61 所示。

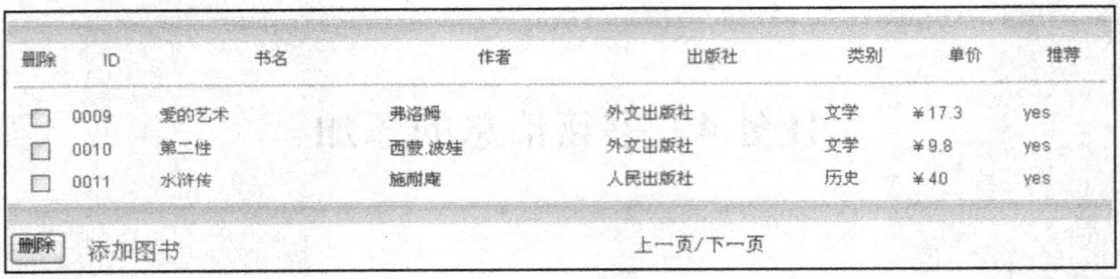

删除	ID	书名	作者	出版社	类别	单价	推荐
☐	0009	爱的艺术	弗洛姆	外文出版社	文学	￥17.3	yes
☐	0010	第二性	西蒙·波娃	外文出版社	文学	￥9.8	yes
☐	0011	水浒传	施耐庵	人民出版社	历史	￥40	yes

删除　添加图书　　　　　　　　上一页/下一页

图 4.61　书籍列表页

2. 实现过程

步骤 1:设计书籍页面 addBook.jsp,关键代码为表单的设计:

```
< form name = "form" method = "post" action = "addBook _do. jsp" >
< table width = "100% " border = "0" >
    < td width = "76" > < div align = "left" > 图书 ID:</td >
    < input name = "id" type = "text" id = "id" >
< td > < div align = "left" > 书名:</div > </td >
< input name = "name" type = "text" >
< td height = "28" > < div align = "left" > 作者:</div > </td >
< input name = "author" type = "text" id = "author" >
……………
    < input type = "submit" name = "Submit" value = "提交" >
</form >
```

此页面还应包含表单客户端确认的 js 脚本,如判断书名不能为空、价格必须是数字等。

步骤 2:获取表单参数,addBook _do. jsp 的关键代码:

```
request. setCharacterEncoding("gb2312");
String id = request. getParameter("id"). trim();
String name = request. getParameter("name"). trim();
String author = request. getParameter("author"). trim();
String publisher = request. getParameter("publisher"). trim();
String type = request. getParameter("type");
String price = request. getParameter("price"). trim();
String ifNew = request. getParameter("ifNew"). trim();
```

步骤 3:连接数据库。

```
con = DriverManager. getConnection("jdbc: mysql://127. 0. 0. 1:3309/a", "root", "123456");
```

步骤 4:执行 SQL 语句。

```
String command = "INSERT INTO book VALUES(?,?,?,?,?,?,?)";
PreparedStatement pstmt = con. prepareStatement(command);
pstmt. setString(1, id);
pstmt. setString(2, name);
pstmt. setString(3, author);
pstmt. setString(4, publisher);
pstmt. setString(5, type);
pstmt. setString(6, price);
pstmt. setString(7, ifNew);
int i = pstmt. executeUpdate();
if(i > 0){//表示添加成功
    //跳转到某个页面
}
```

【要点小结】

1. 使用 Connection、PreparedStatement 、ResultSet 对象实现往数据库添加记录的技术。

2. 实现数据库添加功能的 SQL 语句是 insert into 语句。

3. 表单的应用:表单客户端判断的 js 脚本;表单参数获取后要注意汉字转换,否则就将乱码存入到了数据库。

【课外拓展】

1. 如何实现类别下拉列表框的动态获取,如把书籍类别存放在数据库某个表中。提示:和书籍显示功能类似。

2. 本例中,图片是利用 id + ". jpg"在网页显示的,是事先设置好的,而在实际项目中,图片应该和其他基本信息一样,允许管理员自己选择合适的图片,完成图片上传功能,请查阅相关资料预习,此功能在课程的"常用组件的使用"中作详细介绍。

任务5　书籍信息的删除

【任务目标】

1. 掌握 Connection 对象。
2. 掌握 Statement 对象和 PreparedStatement 对象。
3. 掌握 ResultSet 对象。
4. 掌握在数据库中删除记录的技术。

【任务描述】

能完成书籍删除功能的编码及调试。

【理论知识】

和用户注册功能类似,书籍信息删除就是从数据库中把书籍信息表的记录删除。将书籍信息罗列出来,用户选择要删除的书籍后,利用 SQL 的 update 语句完成数据库操作。

【实训演示】

1. 书籍信息删除功能分析

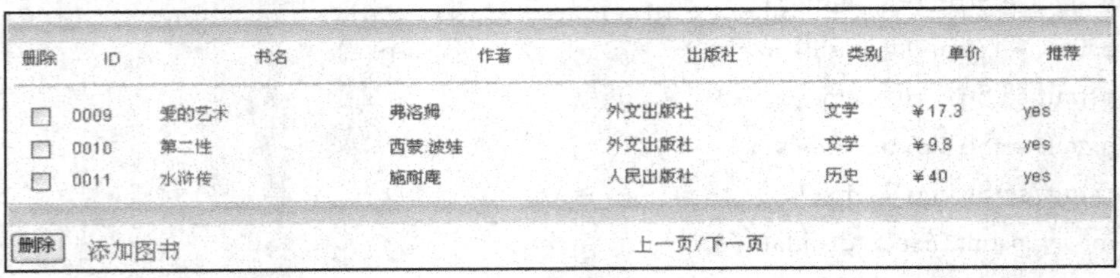

删除	ID	书名	作者	出版社	类别	单价	推荐
☐	0009	爱的艺术	弗洛姆	外文出版社	文学	￥17.3	yes
☐	0010	第二性	西蒙·波娃	外文出版社	文学	￥9.8	yes
☐	0011	水浒传	施耐庵	人民出版社	历史	￥40	yes

删除　添加图书　　　　　　　　　　上一页/下一页

图 4.62　书籍列表

根据图 4.62,点击删除后,"0011"号图书将从数据库中删去,如图 4.63 所示,书籍列表中"0011"号图书将不再存在。

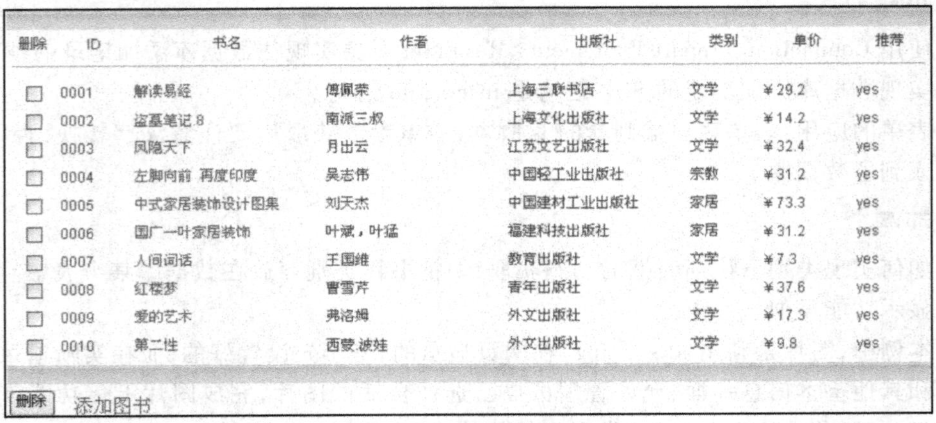

删除	ID	书名	作者	出版社	类别	单价	推荐
☐	0001	解读易经	傅佩荣	上海三联书店	文学	￥29.2	yes
☐	0002	盗墓笔记.8	南派三叔	上海文化出版社	文学	￥14.2	yes
☐	0003	凤陨天下	月出云	江苏文艺出版社	文学	￥32.4	yes
☐	0004	左脚向前 再度印度	吴志伟	中国轻工业出版社	宗教	￥31.2	yes
☐	0005	中式家居装饰设计图集	刘天杰	中国建材工业出版社	家居	￥73.3	yes
☐	0006	国广一叶家居装饰	叶斌,叶猛	福建科技出版社	家居	￥31.2	yes
☐	0007	人间词话	王国维	教育出版社	文学	￥7.3	yes
☐	0008	红楼梦	曹雪芹	青年出版社	文学	￥37.6	yes
☐	0009	爱的艺术	弗洛姆	外文出版社	文学	￥17.3	yes
☐	0010	第二性	西蒙·波娃	外文出版社	文学	￥9.8	yes

删除　添加图书

图 4.63　删除后的图书列表

2. 实现过程

步骤 1:获取复选框选中部分,放入数组中。

```
String[ ]id = request. getParameterValues("bookId");
```

步骤 2:数据库连接。

```
con = DriverManager. getConnection ( " jdbc:mysql://127. 0. 0. 1:3306/test" ," root" ,"
123456");
```

步骤 3:数组循环逐个执行 SQL 语句来删除选中的复选框代表的书籍记录。

```
Statement stmt = con. createStatement( );
for( int i = 0;i < id. length;i + + ) {
        String command = "DELETE FROM book WHERE id = ?";
                                    //每次删除一本书籍的基本信息
        PreparedStatement pstmt = con. prepareStatement(command);
                                    //发送 SQL 语句,删除书籍基本信息
        pstmt. setString(1,id[ i ]);
        pstmt. executeUpdate( );//删除书籍信息
        command = "DELETE FROM bookcomment WHERE bookId = ?";
        pstmt. setString(1,id[ i ]);
        pstmt. executeUpdate( );//删除书籍对应的评论信息
    }
con. close( );
```

【要点小结】

1. 使用 Connection、PreparedStatement(或 Statement)、ResultSet 对象实现从数据库中删除记录的技术。

2. 完成数据库删除功能的 SQL 语句是 delete 语句。

3. 表单的应用:表单客户端判断的 js 脚本;表单参数获取后要注意汉字转换,否则就会将乱码存入数据库。

【课外拓展】

由于删除操作直接影响到数据本身,因此在执行删除操作时要注意以下几个问题:

(1)删除操作往往是针对一条或几条记录,因此要正确书写 delete 语句中 where 子句所代表的记录范围;

(2)为避免用户误操作,一般在删除前应提供确认提示功能,代码如下:

```
out. println(" < script language = ´Javascript´>if ( ! confirm(´确定要删除该记录吗? ´))
{window. location. href = ´列表页´;return;} </script >");
```

任务6 书籍信息的修改

【任务目标】

1.掌握 Connection 对象。

2.掌握 Statement 对象和 PreparedStatement 对象。

3.掌握 ResultSet 对象。

4.掌握在数据库中修改记录的技术。

【任务描述】

能完成书籍修改功能的编码及调试。

【理论知识】

书籍信息修改就是对数据库的书籍信息中的某一条记录的部分字段的值进行修改,然后再保存回数据库中。利用表单获取书籍的各项信息,利用 SQL 的 update 语句完成数据库操作。

【实训演示】

修改功能的一般操作流程:

(1)显示数据列表(如图 4.64 所示,此处可以是全部数据,也可以是经过过滤的部分数据);

(2)选择想要修改的那条记录,把它的详细信息显示在表单中供修改;

(3)在老数据上做修改,将新数据保存回数据库中。

1.书籍信息修改功能分析

(1)显示数据列表(如图 4.64 所示,此处可以是全部数据,也可以是经过过滤的部分数据)。

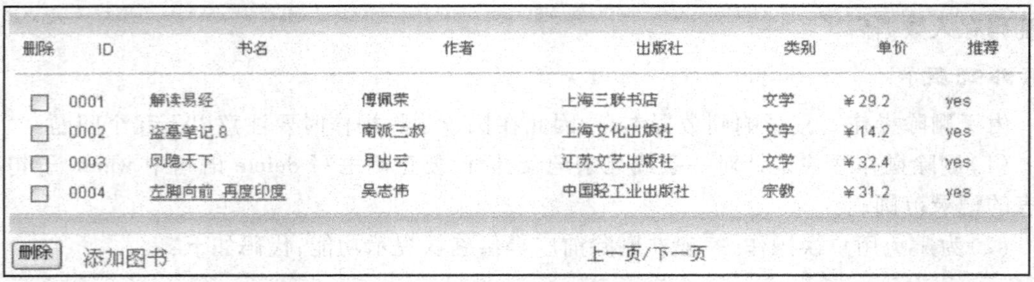

删除	ID	书名	作者	出版社	类别	单价	推荐
☐	0001	解读易经	傅佩荣	上海三联书店	文学	￥29.2	yes
☐	0002	盗墓笔记.8	南派三叔	上海文化出版社	文学	￥14.2	yes
☐	0003	凤隐天下	月出云	江苏文艺出版社	文学	￥32.4	yes
☐	0004	左脚向前 再度印度	吴志伟	中国轻工业出版社	宗教	￥31.2	yes

删除 添加图书　　　　　　　　　　　上一页/下一页

图 4.64 书籍列表

(2)修改《左脚向前 再度印度》这本书的信息,点击书名,出现该书的详细信息表单页。如图 4.65 所示。

(3)把修改信息维护后,按提交对该书的信息进行保存。再次跳转回到书籍列表页。

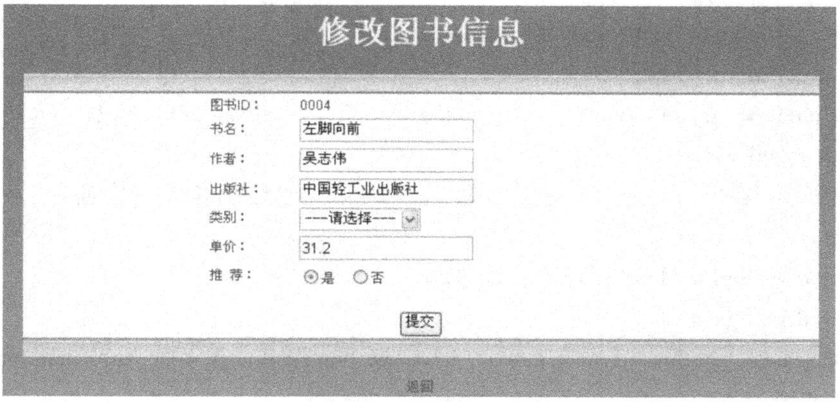

图 4.65 书籍详细信息表单

2. 书籍修改功能的程序实现

步骤 1:设计书籍列表页,在书名上设置超链接,核心代码如下:

```
< a href = " changeBookInf. jsp? id = " + id > < % = resultset. getString( "name" ) % > </a >
```

点击书名后,跳转到 bookupdate. jsp 页面,同时传一个参数 id 过去,参数的具体值就是当前书籍的 id,也是表 book 的主键,目的是唯一确定一本书。

步骤 2:编写 changeBookInf. jsp,将选中的书籍信息显示在表单中,核心代码如下:

```
< %
String id = request. getParameter( "id" ) ;    //获取待修改书籍的 id
//连接数据库
con = DriverManager. getConnection( "jdbc:mysql://127. 0. 0. 1:3309/a" ,"root" ,"123456" ) ;
//执行 SQL 语句
Statement stmt = con. createStatement( ) ;    //创建 statement 对象
String sql = "select  *  from book where id = " + id ;    //SQL 语句
ResultSet rs = stmt. executeQuery( sql) ;    //找到待修改的那条书籍记录
rs. next( ) ;    //指针移到结果集的第一行,因为结果集中只有一条记录,所以没必要循
环,利用结果集对象的 getString 方法,把记录理每个字段的值显示在表单中。
% >
< form name = "form" method = "post" action = "changeBookInf_do. jsp" >
< table width = "382" border = "0" >
< tr >
< td width = "72" > < div align = "left" > 图书 id: </div > </td >
< td width = "279" > < div align = "left" > < % = id % >
< input name = "id" type = "hidden" id = "id" value = < % = id % > >
</div > </td >
</tr >
< tr >
```

```
< td > < div align = "left" > 书名：</div > </td >
< td > < div align = "left" >
< input name = "name" type = "text" value = <% = resultset. getString("name") %> >
</div > </td >
</tr >
```

显示书籍原有信息

```
< tr >
< td > < div align = "left" > 作者：</div > </td >
< td > < div align = "left" >
< input name = "author" type = "text" id = "author" value = <% = resultset. getString("
author") %> >
</div > </td >
</tr >
< tr >
< td > < div align = "left" > 出版社：</div > </td >
< td > < div align = "left" >
< input name = "publisher" type = "text" id = "publisher" value = <% = resultset. get-
String("publisher") %> > </div > </td >
</tr > ………………．
< input type = "submit" name = "Submit" value = "提交" >
</form >
```

步骤 3：编写 changeBookInf_do. jsp，将新的书籍信息写回数据库，核心代码：

```
//  获取表单参数，除了书籍 id，由于无法知道书籍的哪个字段被修改过，因此需要全
部提取
        request. setCharacterEncoding("gb2312");
        String id = request. getParameter("id"). trim();
        String name = request. getParameter("name"). trim();
        String author = request. getParameter("author"). trim();
        String publisher = request. getParameter("publisher"). trim();
        String type = request. getParameter("type");
        String price = request. getParameter("price"). trim();
        String ifNew = request. getParameter("ifNew"). trim();
//连接数据库
    con = DriverManager. getConnection("jdbc:mysql://127.0.0.1:3309/a","root","123456");
    PreparedStatement pstmt = null;    //创建 PreparedStatement 对象
//执行 SQL 语句
    String command = "update book set name = ?, author = ?, publisher = ?, type = ?, price
= ?, ifNew = ? where id = ?";
```

```
pstmt = con. prepareStatement(command);   //发送 SQL 语句
pstmt. setString(1,name);
pstmt. setString(2,author);
pstmt. setString(3,publisher);
pstmt. setString(4,type);
pstmt. setString(5,price);
pstmt. setString(6,ifNew);
pstmt. setString(7,id);
pstmt. executeUpdate();   //修改书籍基本信息
```

【要点小结】

1. 使用 Connection、PreparedStatement(或 Statement)、ResultSet 对象实现在数据库中修改记录的技术。

2. 实现数据库修改功能的 SQL 语句是 update 语句。

3. 表单的应用:表单客户端判断的 js 脚本;表单参数获取后要注意汉字转换,否则就将乱码存入到了数据库。

【课外拓展】

由于修改操作直接影响到数据本身,因此在执行修改操作时要注意以下几个问题:

(1)因为主键能唯一确定一条记录,因此 SQL 语句的 where 子句一般都利用表的主键的那几个字段完成。

(2)修改需要三个页面完成,在写数据库的时候必须明确修改记录的 id 值,因此一般做法是在表单页面上放置一个不可见的单行编辑框对象,这样通过 request 对象很容易获取。

(3)在完成了增加、删除、修改和查询功能后,可以总结出数据库操作的一般程序流程:连接数据库,创建 statement 对象,执行 SQL 语句,显示结果集。其中连接数据库的代码几乎要出现在每个 JSP 页面中。请思考:如果数据库名或者连接密码或者数据库服务器地址发生改变了,维护这些页面的工作量会很大,如何解决这个问题?

任务7　书籍信息的分页显示

【任务目标】

熟悉 JSP 的分页功能实现技术。

【任务描述】

能完成书籍信息的分页显示功能的编码及调试。

【理论知识】

对于网站系统,数据展示是很重要的部分。在实际应用中,数据列表显示最常用的展示方式。为了方便浏览,体现更好的软件界面友好性,其中分页显示功能是必不可少的。编写程序实现分页功能也成为 Java Web 程序员应该掌握的技能。

【实训演示】

分页的目的是为了方便浏览,一般网页不能拉得过长,最好能一页中显示全部有效信息。因此,对于动态网页而言,每页显示几条记录合适要根据不同的网页布局来确定,如图 4.66 所示,书籍列表每页显示 4 条记录。

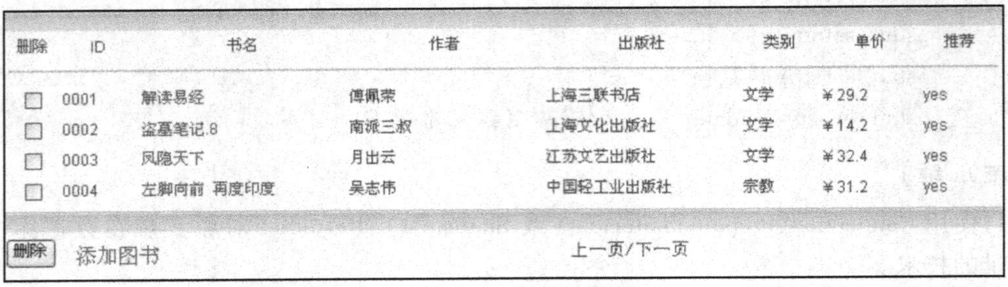

删除	ID	书名	作者	出版社	类别	单价	推荐
☐	0001	解读易经	傅佩荣	上海三联书店	文学	￥29.2	yes
☐	0002	盗墓笔记.8	南派三叔	上海文化出版社	文学	￥14.2	yes
☐	0003	凤隐天下	月出云	江苏文艺出版社	文学	￥32.4	yes
☐	0004	左脚向前 再度印度	吴志伟	中国轻工业出版社	宗教	￥31.2	yes

删除 添加图书 　　　　　　　　　　　　　　　上一页/下一页

图 4.66　每页显示 4 条书籍信息的页面

此时,‘上一页’按钮变为不可用,原因是当前页是第一页,没有上一页。点击“下一页”,则显示下一个 4 条书籍信息。如图 4.67 所示。

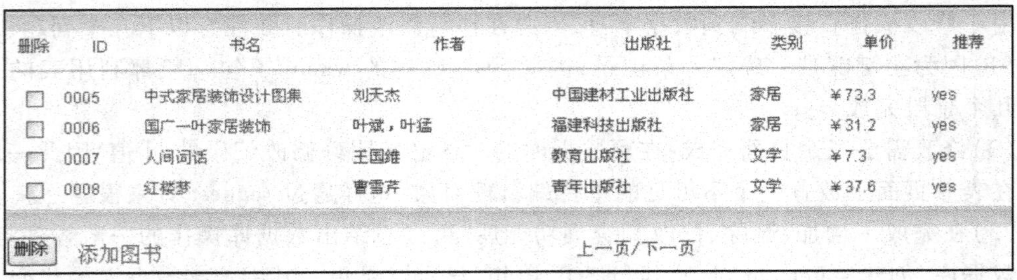

删除	ID	书名	作者	出版社	类别	单价	推荐
☐	0005	中式家居装饰设计图集	刘天杰	中国建材工业出版社	家居	￥73.3	yes
☐	0006	国广一叶家居装饰	叶斌、叶猛	福建科技出版社	家居	￥31.2	yes
☐	0007	人间词话	王国维	教育出版社	文学	￥7.3	yes
☐	0008	红楼梦	曹雪芹	青年出版社	文学	￥37.6	yes

删除 添加图书 　　　　　　　　　　　　　　　上一页/下一页

图 4.67　点击“下一页”后的页面

在最后一页的页面上只显示了两条记录,如图 4.68 所示,原因是结果集一共才 11 条记录,所以就把剩下的记录全部显示在此页上,此时,“下一页”按钮变得不可用,因为它已经是最后一页。

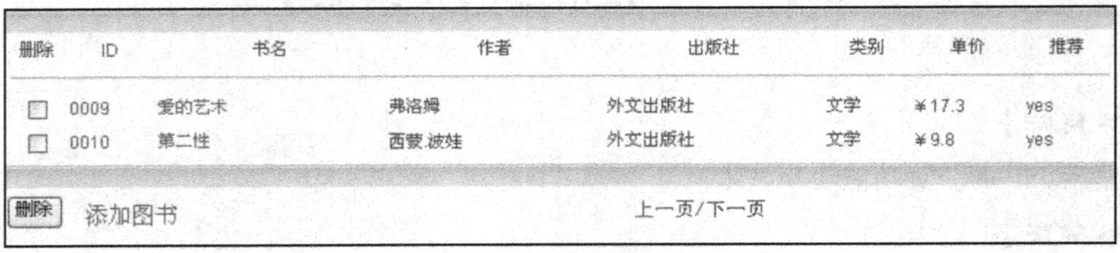

删除	ID	书名	作者	出版社	类别	单价	推荐
☐	0009	爱的艺术	弗洛姆	外文出版社	文学	￥17.3	yes
☐	0010	第二性	西蒙 波娃	外文出版社	文学	￥9.8	yes

删除 添加图书 　　　　　　　　　　　　　　　上一页/下一页

图 4.68　最后一页的书籍列表

分页功能要解决的主要问题有:

(1)如果将要显示的数据只从数据库里取一次,若要满足来回翻页,则要求结果集必须是可回滚的,代码如下:

```
Statement smt =
    con. createStatement( ResultSet. TYPE_SCROLL_INSENSITIVE, ResultSet. CONCUR_
READ_ONLY);
```

(2)要控制"上一页"和"下一页"的不可用,必须知道页数。

根据结果集中的记录条数以及确定的每页显示记录数来计算一共需要几页。代码:

```
int pagesize = 4;    //每页显示 4 条记录
rs. last();    //指针到结果集的最后一条记录上
int RecordCount = rs. getRow();    //获取当前行数,其实就是记录数
if( RecordCount = = 0) {return;}    //如果结果集为空,则不用翻页
//计算页数,若能整除,则整数部分就是页数,反之,则需要整数部分加 1 为页数
int maxPage = ( RecordCount% pagesize = = 0)? ( RecordCount/pagesize) : ( RecordCount/
pagesize + 1);
```

(3)点击"上一页"、"下一页"记录显示发生变化的原理。

首先,"上一页"、"下一页"利用超链接带页码参数的形式提交给页面本身,让页面知道此时应该是第几页的数据,因此需要将它们放置在表单中,代码如下:

```
String pre = "bookManage. jsp? pg = " + Integer. toString( index/4);    //pg 为页码参数
String aft = "bookManage. jsp? pg = " + Integer. toString( index/4 + 2);
if( pg. equals( "1") ) {
        if( rs. next() ) {    % >
            < div align = "center" >上一页/ < a href = < % = aft % > >下一页
 </a > </div >
    < %  }else{    % >
            < div align = "center" >上一页/下一页 </div >
    < %    }
}else{
        if( rs. next() ) {    % >
            < div align = "center" > < a href = < % = pre % > >上一页
 </a >/ < a href = < % = aft % > >下一页 </a > </div >
    < %    }else{% >
        < div align = "center" > < a href = < % = pre % > >上一页 </a >/下一页 </div >
        < %    }
}
```

其次,修改控制结果集显示的循环语句代码,控制在显示 4 条。在表格的表头代码后面,加以下代码:

```
String pg = "";
if( request. getParameter( "pg") = = null) {    //判断当前页码
        pg = "1";    //如为空,则表示第一页
```

```
                }else{
                        pg = request. getParameter("pg");    //获取当前页码,不为空
                }
    int index = (Integer. parseInt(pg)-1) * 4;
    //计算当前页码下的第一条记录在整个结果中是第几条记录
    String query = "SELECT  *  FROM book";   //SQL 语句
     con  =  DriverManager. getConnection ( " jdbc: mysql://127. 0. 0. 1: 3309/a "," 
root","123456");
    PreparedStatement pstmt = null;   //创建 PreparedStatement 对象
    pstmt = con. prepareStatement(query);   //发送 SQL 语句
    ResultSet resultset = pstmt. executeQuery();
    //重新把所有记录都取出来一遍,此处就不要求结果集是可回滚的
    for(int i = 0;i < index;i + +){
    rs. next();//根据前面计算得到的记录起始位置,将指针移到此处
    }
    int n = 0;
    while(resultset. next()&&n < 4){   //开始显示,从指针位置开始往后显示 4 条
            n + +;
            String bookId = resultset. getString("id");//逐个显示每个字段的值
            .........
    }
```

【要点小结】

1. 若只对结果集取一次数据同时要满足来回翻页的功能,则结果集必须是可回滚的。

2. 翻页的核心就是指针根据动态页码在结果集中重新定位,显示记录条数为一页的个数。

【课外拓展】

1. 完成书籍列表的翻页功能。

2. 了解其他 JSP 实现翻页功能的方法。

项目五 购买书籍

任务1 使用 JavaBean 访问数据库

【任务目标】

1. 掌握 JavaBean 概念。
2. 熟练编写及部署 JavaBean。
3. 掌握在 JSP 中使用 JavaBean 连接数据库。
4. 掌握 JSP 的 useBean 指令。

【任务描述】

掌握在 MyEclipse 中编写及部署 JavaBean，能完成数据库连接功能。

【理论知识】

项目四中我们主要完成了数据库增、删、查、改四大功能，使用的技术是直接将 Java 程序片段写在网页中，其中数据库连接的代码每个页面都要重复书写多次。尽管我们可以利用 JSP 的 include 指令将重复的代码单独写在一个页面中，但还是没有很好发挥 Java 程序"一次编写到处运行"这个优势，因此本次课的任务就是将编译后的 Java 的 class 文件在网页中加以使用。

1. JavaBean 概念

（1）JavaBean 是一种 Java 语言写成的可重复使用组件，被设计成可以在不同的环境里重复使用。

（2）bean 的功能没有限制。

（3）一个 bean 既可以完成一个简单的功能，如检查一个文件的拼写，也可以完成复杂功能，如预测一只股票的业绩。

（4）bean 对最终用户是可见的，如图形用户界面上的一个按钮。bean 也可能对用户不可视，如实时多媒体解码软件。一个 bean 可以被设计成在用户工作站上独立工作，也可以与其他一组分布式组件协调工作。

为写成 JavaBean，类必须是具体的和公共的，并且具有无参数的构造器。JavaBean 通过提供符合一致性设计模式的公共方法将内部域暴露称为属性。众所周知，属性名称符合这种模式,其他 Java 类可以通过自省机制发现和操作这些 JavaBean 属性。

用户可以使用 JavaBean 将功能、处理、值、数据库访问和其他任何可以用 Java 代码创造的对象进行打包,并且其他的开发者可以通过内部的 JSP 页面、Servlet、其他 JavaBean、applet 程序或者应用来使用这些对象。用户可以认为 JavaBean 提供了一种随时随地的复制和粘贴的功能,而不用关心任何改变。

按照 Sun 公司的定义,JavaBean 是一个可重复使用的软件组件。实际上 JavaBean 是一种 Java 类,通过封装属性和方法成为具有某种功能或者处理某个业务的对象,简称 bean。由于 JavaBean 是基于 Java 语言的,因此 JavaBean 不依赖平台,具有以下特点:

(1)可以实现代码的重复利用;

(2)易编写、易维护、易使用;

(3)可以在任何安装了 Java 运行环境的平台上的使用,而不需要重新编译;

(4)是一个公开的类,包含无参数的构造函数;

(5)利用"get"提取内部属性值;利用"set"修改内部属性值。

2. 编写及部署 JavaBean

编写 JavaBean 就是编写一个 Java 的类,所以只要会写类就能编写一个 bean,这个类创建的一个对象称作一个 bean。为了能让使用这个 bean 的应用程序构建工具(比如 JSP 引擎)知道这个 bean 的属性和方法,只需在类的方法命名上遵守以下规则:

(1)如果类的成员变量的名字是 xxx,那么为了更改或获取成员变量的值,即更改或获取属性,在类中可以使用两个方法:getxxx( ),用来获取属性 xxx。setxxx( ),用来修改属性 xxx. 。

(2)对于 boolean 类型的成员变量,即布尔逻辑类型的属性,允许使用"is"代替上面的"get"和"set"。

(3)类中方法的访问属性都必须是 public 的。

(4)类中如果有构造方法,那么这个构造方法也是 public 的,并且是无参数的。

一般创建 JavaBean 时都有包名,JavaBean 就部署在应用系统的 WEB-INF\classes 目录下的包名目录里。

3. JavaBean 的作用域

使用 JSP 的 useBean 操作指令来调用 JavaBean,其语法格式如下:

```
<jsp:useBean id = name"  scope = "page | request | session | application" class = "package.class"/>
    或者
<jsp:useBean id = name"  scope = "page | request | session | application" class = "package.class" >
</jsp:useBean >
```

JavaBean 的作用范围在 <jsp:useBean scope = "…" > 标志中右边进行表示。Scope 是一个具有生命时间的变量。

服务器引擎将剥离 <jsp:> 标记,并且在最终用户的浏览器上不会显示实际代码。

JavaBean 存在下面四种范围:page(页面)、request(请求)、session(对话)、application

（应用）。

类型	生命期	特点
Page JavaBean	最短	每次使用都要重新实例化
Request JavaBean	与 request 对象同步，在最后一个 JSP 程序执行完毕后消亡	连同 request 对象一起传送
Session JavaBean	与 session 对象同步，当用户关闭浏览器时 bean 消亡。	session JavaBean 的属性在页面间共享
Application JavaBean	最长	Application JavaBean 的属性所有用户在所有页面共享

（1）页面/请求范围

页面和请求范围的 JavaBean 有时类似表单的 bean，它们大都用于处理表单。表单需要很长的时间来处理用户的输入，通常情况下用于页面接受 HTTP/POST 或者 GET 请求。另外页面和请求范围的 bean 可以用于减少大型站点服务器上的负载，如果使用对话 bean，耽搁的处理就可能会消耗掉很多资源。

（2）对话范围

对话范围的 JavaBean 主要应用在跨多个页面和时间段：例如填充用户信息。添加信息并且接受回馈，保存用户最近执行页面的轨迹。对话范围 JavaBean 保留一些和用户对话 ID 相关的信息。这些信息来自临时的对话 cookie，并在当用户关闭浏览器时，这个 cookie 将从客户端和服务器删除。

（3）应用范围

应用范围的 JavaBean 通常应用于服务器的部件，例如 JDBC 连接池、应用监视、用户计数和其他参与用户行为的类。

注意，在 bean 中应该限制 HTML 的产生。

理论上，JavaBean 将不会产生任何 HTML，因为这是 JSP 层负责的工作；然而，为了动态消息提供一些预先准备的格式又是非常有用的，产生的 HTML 将被标注的 JavaBean 方法返回。这里请注意：

①不要在 JavaBean 返回的 HTML 中放置任何字体尺寸，因为并不是所有的浏览器都相同，很多浏览器无法处理完整的字体尺寸。

②不要在 JavaBean 返回的 HTML 中放置任何脚本或者 DHTML。向页面直接输出脚本或者 DHTML 十分危险，因为某些版本浏览器在处理不正确的脚本时会崩溃（非常少但是有）。如果用户的 JavaBean 在运行时是动态地推出复杂的 HTML 语言，则将陷入调试的噩梦。另外，复杂的 HTML 将限制 JavaBean 的寿命和灵活性。

【实训演示】

1. 使用 JavaBean 计算正方形周长和面积

（1）在项目上建一个包 com，如图 5.1 所示。

（2）建包的目的是用来存放我们编写的 Java 类文件，Java 源代码将放在项目的 src 文件夹下的 com 文件夹中。

（3）在新建的包 com 上新建一个类 Sqare.java（即 JavaBean）。如图 5.2 所示。

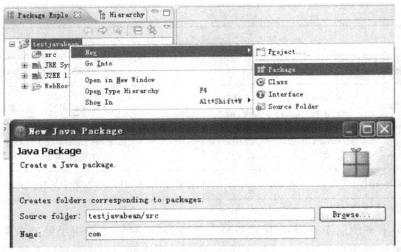

图 5.1　建包

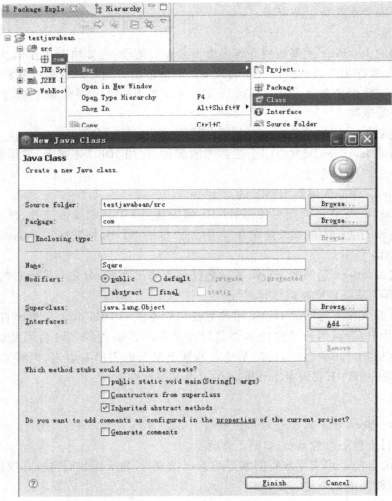

图 5.2　新建 JavaBean

（4）编写 Java 代码：

```java
package com;
public class Sqare{
    int edge;  //属性:边长
    public Sqare()  //无参数的构造方法,一般用于给属性赋初值
    {
        edge = 5;
    }
    public int getedge()  //get 属性方法
    {
        return edge;
    }
    public void setedge(int newedge)  //set 属性方法
    {
        edge = newedge;
    }
    public int sqareArea(){  //计算正方形面积的方法
        return edge * edge;
    }
}
```

（5）编写 JSP 页面调用 Sqare.class 完成计算正方形面积。如图 5.3 所示,新建一个 JSP 页面。

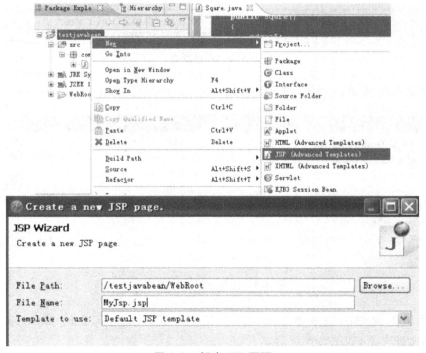

图 5.3　新建 JSP 页面

代码：

```
<%@ page contentType = "text/html;charset = GB2312"%>
<HTML>
<BODY>
<jsp:useBean id = "test" class = "com. Sqare" scope = "page">
</jsp:useBean>
<%
    test. setedge(35);
%>
<p>你定义的正方形的边长为：
    <% = test. getedge()%>
<br>
<p>你定义的正方形的面积为：
    <% = test. sqareArea()%>
</BODY>
</HTML>
```

(6)部署发布项目。

点击发布项目，如图 5.4 所示。

图 5.4　项目发布

选择要发布的项目，点 Add，如图 5.5 所示。

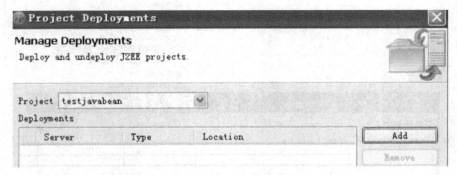

图 5.5　选择要发布的项目

选择我们配置好的服务器即可。项目发布到了 Tomcat 5.5 的 webapps 目录下的 testjavabean 文件夹下，如图 5.6 所示。

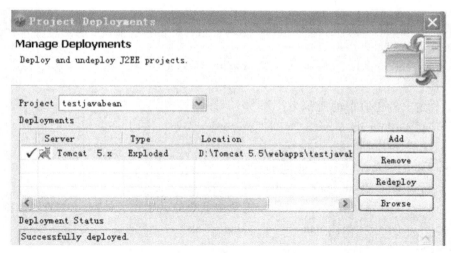

图 5.6 选择项目发布文件夹

(7)运行。

首先,启动服务器,如图 5.7 所示。

图 5.7 启动服务器

然后,在 IE 浏览器中输入 http://localhost:8080/testJavabean/MyJsp.jsp,得到运行结果如图 5.8 所示。

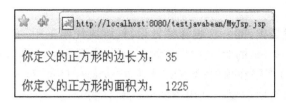

图 5.8 运行结果

2. JavaBean 和表单结合使用

改造 MyJsp.jsp,如下:

```
< %@ page contentType = "text/html;charset = gb2312"% >
< html >
< body >
< jsp:useBean id = "mike" class = "com.Sqare" scope = "page"/ >
```

```
< jsp:setProperty name = "mike" property = " * "/ >    //" * "表示表单中的所有参数
< p >你定义的正方形的边长为：
    < jsp:getProperty name = "mike" property = "edge"/ >
< br >
< p >你定义的正方形的面积为：
    < jsp:getProperty name = "mike" property = "sqarearea"/ >
< br >
< form name = "form1" method = "post" >
    < input type = text name = "edge" >
                        //表单中参数的名字和 JavaBean 中的属性相同即可
    < input type = submit name = "s" value = "ok" >
</ form >
</BODY > </HTML >
```

运行结果如图 5.9 所示。

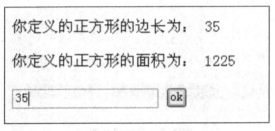

图 5.9　表单和 JavaBean 结合使用

上述程序中，property = " * "表示 JSP 引擎会根据表单参数名进行自动识别。表单中参数的名字必须和 JavaBean 中相应的属性名相同。

【**要点小结**】

1. JavaBean 实质就是类，能一次编译到处运行，解决代码复用，方便软件维护。

2. JSP 中使用 JavaBean 的目的：减少页面动态代码，执行效率提高。JavaWeb 中将 JavaBean(即 class 文件)部署在项目的 WEB-INF 的 classes 目录下。

3. JavaBean 设计和使用主要是利用类的属性和方法。

【**课外拓展**】

编写一个 JavaBean，实现数据库操作的增加、删除、更新及查询功能。参考代码：

```
/ * *
 * 该类为网上书店操作数据库的公用类
 * 用于数据库连接、查询和更新等操作
 * /
package bean;
```

```java
import Java. io. * ;
import Java. util. * ;
import Java. sql. * ;

public   class   DBClass
{
    private String driver;
    private String url;
    private String username;
    private String password;
    private Connection connection;
    private Statement statement;//使用 statement 对象发送 SQL 语句
    private String message = " " ;

    public DBClass( ) {
        driver    = " com. mysql. jdbc. Driver" ;
        url = " jdbc :mysql ://localhost :3306/test?  useUnicode = true&characterEncoding = gb2312" ;
        username = " root" ;
        password = " 123456" ;
        connection = null;
        statement = null;
        message = " " ;
    }

    public DBClass( String driver, String url, String username, String password) {
        this. driver = driver;
        this. url = url;
        this. username = username;
        this. password = password;
        this. connection = null;
        this. statement = null;
        this. message = " " ;
    }

    public String getDriver( ) {
    return driver;
    }
    public void setDriver( String driver) {
```

```java
        this. driver = driver;
    }

    public String getUrl( ) {
        return url;
    }

    public void setUrl( String url) {
        this. url = url;
    }

    public String getUsername( ) {
        return username;
    }

    public void setUsername( String username) {
        this. username = username;
    }

    public String getPassword( ) {
        return password;
    }

    public void setPassword( String password) {
        this. password = password;
    }

    public Connection getConnection( ) {
        return connection;
    }

    public void setConnection( Connection connection) {
        this. connection = connection;
    }

    public Statement getStatement( ) {
        return statement;
    }
```

```java
public void setStatement(Statement statement){
        this.statement = statement;
    }

    public String getMessage(){
        return message;
    }

    public void setMessage(String message){
        this.message = message;
    }

    /* 连接数据库 */
    public void connect(){
        try{
            Class.forName(driver);
            connection = DriverManager.getConnection(url,username,password);
            statement = connection.createStatement();   //创建 statement 对象
        }catch(ClassNotFoundException cnfe){
            message = "connection:" + cnfe;
        }catch(SQLException sqle){
            message = "executeQuery:" + sqle;
        }
    }

    /* 执行 SQL 查询并返回结果 */
    public ResultSet executeQuery(String query){
        ResultSet resultset = null;
        try{
            //statement 对象的 executeQuery()方法,完成数据库查询
            resultset = statement.executeQuery(query);
        }catch(SQLException sqle){
            message = "executeQuery:" + sqle;
        }
        return resultset;
    }
    /* 执行数据库更新操作 */
    public void executeUpdate(String command){
```

```
        try{
            //statement 对象的 executeUpdate ( )方法,完成数据库更新
            statement. executeUpdate(command);
        }catch(SQLException sqle){
            message = "executeUpdate:" + sqle;
        }
    }

    /* 关闭数据库连接 */
    public void closeConnection( ){
        try{
            connection. close( );
        }catch(SQLException sqle){
            message = "closeConnection:" + sqle;
        }
    }
}
```

举例说明在 JSP 页面中如何使用 JavaBean,参考代码如下:

```
//首先实例化 DBClass 类,得到对象 db
< jsp:useBean id = "db" class = "bean. DBClass" scope = "page"/ >
/* 检索数据库为例 */
String query = "SELECT id FROM userorder";
db. connect( );   //数据库连接
ResultSet resultset = db. executeQuery(query);   //执行 SQL 语句获得结果集
…………
db. closeConnection( );   //关闭数据库连接
```

请大家和以前完成数据库检索功能的代码进行对比,两者的区别以及 JavaBean 的优点是什么?

任务 2 使用 JavaBean 实现购物车

【任务目标】

1. 熟悉购物车逻辑设计。
2. 掌握在 JSP 中使用 JavaBean 的功能实现。

【任务描述】

1. 掌握 JavaBean 的使用方法。
2. 能独立完成购物车逻辑设计。
3. 掌握删除和显示购物车信息功能的实现。
4. 能独立完成订单模块。

【理论知识】

1. 网上购书流程设计

网上购书的流程就像是在超市购买货物一样。当用户登录后,在查看书籍信息时,如果想购买此书,可将书籍放入购物车中;当想要购买的书籍都已放入购物车中时,可生成订单,并确认订单,网上书店的管理员再从后台来处理用户生成的订单;当用户的会话失效或退出登录时,购物车的书籍就会被清空。网上购书的流程如图 5.10 所示。

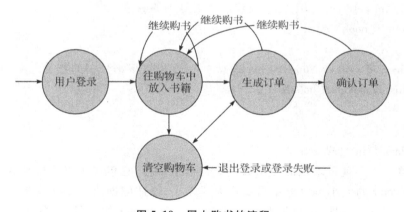

图 5.10 网上购书的流程

2. 购物车逻辑设计

购物车是电子商务系统中常用的程序之一,就像一台虚拟的超市购物车,可以放入商品,也可以拿出商品,网上书店的其中一个模块即为购物车。该模块是用户购书系统最核心的模块,它负责完成用户对订单的查询、修改以及提交等操作。

购物车其实就是一个存储商品信息的集合。把每一种商品封装成一个购物车对象,即一个 bean,该 bean 的属性包括商品种类和数量,用这些 bean 来组成一个购物车。购物车对象 bean 的代码如下:

```
package bean;
import Java.util. * ;
public class CartInf{
    private String bookId;//书号
    private int bookNum;   //用户订购的数量

    public CartInf( ){   //无参数的构造类,初始化属性值
        bookId = " ";
        bookNum = 0;
    }
    public CartInf(String bookId, int bookNum){   //创建购物车对象
        this. bookId = bookId;
        this. bookNum = bookNum;
    }
    public String getBookId( ){   //获取书号
        return( bookId );
    }
    public void setBookId(String bookId){   //设置书号
        this. bookId = bookId;
    }
    public int getBookNum( ){   //获取该书号书的数量
        return( bookNum );
    }
    public void setBookNum( int bookNum){   //设置该书号书的数量
        this. bookNum = bookNum;
    }
}
```

3. 使用 JavaBean 实现购物车

Vector 类可以实现可增长的对象数组。与数组一样,它包含可以使用整数索引进行访问的组件。Vector 的大小可以根据需要增大或缩小,以适应创建 Vector 后进行添加或移除项的操作。利用这个特性,可以把购物车设计为一个 Vector 的变量,它的每一个元素就是一个购物车对象,即 CartInf 类。

【实训演示】

1. 购书

购书过程其实就是将用户选中的图书的书号、数量等信息存储到购物车的过程。在用户开始购书的时候,系统会为其创建一个购物车(一个存储订单信息的 bean,CartInf 类)。

用户要在 index. jsp 页面中点击购物车图标,并在弹出的窗口中输入需要的数量。因此需要一个 JSP 页面 addCart. jsp 作为弹出窗口来接收用户填入的图书数量,如图 5.11 和图 5.12 所示。

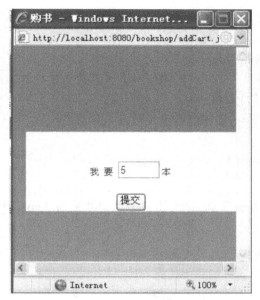

图 5.11　选购图书数量

图 5.12　选购图书成功

　　用户提交了添加图书到购物车的申请后,需要一个新的页面(addCart_do. jsp)来处理申请。该页面将完成向购物车添加图书的功能。如果还没有购物车,就为用户创建一个。addCart_do. jsp 代码如下:

```
/ * 往购物车中添加书籍 */
String toJsp = "addCartSuccess. jsp";    //跳转页面名
String bookId = request. getParameter("bookId");    //获取书号
StrClass bookNum = new StrClass(request. getParameter("bookNum"));//获取数量
/ * 检测用户输入所需数量是否为整数 */
if(! bookNum. isNum()){
    request. setAttribute("errInf"," * 请输入自然数");
    toJsp = "addCart. jsp";    //跳转页面改为填图书数量那个页面
}else{
    Vector list = new Vector();    //新建购物车
    if(session. getAttribute("cartList")! = null){    //如果之前购物车不为空
        list = (Vector)session. getAttribute("cartList");//取出老的购物车
        session. removeAttribute("cartList");    //清空 session 中老购物车
        for(int i = 0;i < list. size();i + +){    //判断老购物车中是否已有此书
            CartInf cart = (CartInf)list. elementAt(i);
            if(bookId. equals(cart. getBookId())){    //若老购物车中已存在此书
                list. removeElementAt(i);    //把此书从老购物车中删除
                break;
            }
        }
```

```
    }
    /* 添加图书至购物车 */
    CartInf cart = new CartInf( bookId,bookNum. toInt( ) );
                                        //实例化一个新的购物车对象 cart
    list. addElement( cart) ;   //把 cart 加到老购物车中
    session. setAttribute( "cartList" ,list) ;   //把最新的购物车放入 session
}
response. setHeader( "refresh" ,"1;url = " + toJsp) ;   //页面跳转
```

2. 修改订单

修改尚未提交的订单及购物车信息。首页要能看到订单,需要一个 JSP 页面（myCart. jsp）来专门显示购物车信息,如图 5.13 所示。

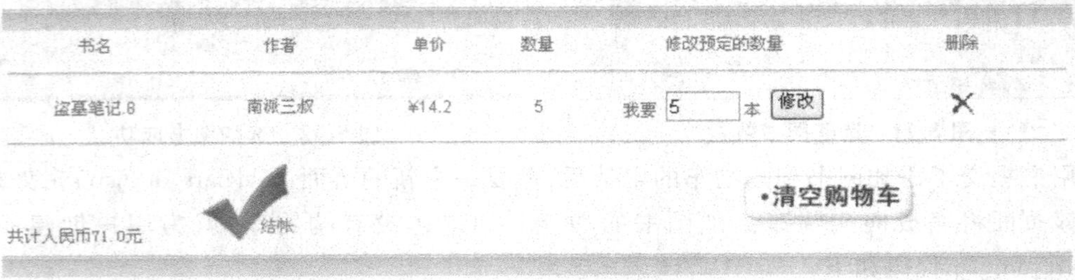

书名	作者	单价	数量	修改预定的数量	删除
盗墓笔记.8	南派三叔	¥14.2	5	我要 5 本 [修改]	✕

共计人民币71.0元   ✔结帐   ·清空购物车

图 5.13　购物车信息

myCart. jsp 核心代码:

```
//取出购物车
< %  if( session. getAttribute( "cartList" ) = = null) { % >
    目前您的购物车是空的
< % } else {
    Vector list = ( Vector) session. getAttribute( "cartList") ;
    int n = list. size( ) ;
} % >


//依次显示购物车每种商品的信息( 书名、作者、单价、数量等)
float money = 0;
for( int i = 0 ;i < n ;i + + ) {    //循环购物车,得到每一种商品信息
    CartInf cart = ( CartInf) list. elementAt( i) ;
    String query = "SELECT name,author,publisher,price FROM book WHERE id = "
            + " ' " + ( String) cart. getBookId( ) + " ' " ;//当前商品的基本信息
    DBClass db = new DBClass( ) ;   //实例化 bean
    db. connect( ) ;//数据库连接
    ResultSet resultset = db. executeQuery( query) ;//得到当前商品的基本信息
    resultset. next( ) ;
```

```
String price = resultset. getString("price");//得到当前商品的单价
money + = Float. parseFloat(price) * cart. getBookNum();//计算总价
db. closeConnection();　//关闭数据库连接
}
```

修改预定的数量用表单实现,代码如下:

```
< form name = "form1" method = "post" action = "ChangeOrder" >
    < div align = "center" >我要
< input    name = < % = (String) cart. getBookId()% >    type = "text"
            value = < % = cart. getBookNum()% >size = "3" >本
    < input type = "submit" name = "Submit" value = "修改" > </div >
</form >
```

上述表单中,name 用书号表示,用来唯一标识当前某种书的数量,value 的初始值用原有数量填充。

所谓修改订单,包含两种操作,即从购物车中删除某种图书和修改购买图书的数量。单击✖图标,表示从购物车删除该图书信息。用 ChangeOrder. jsp 实现修改订单功能。

```
ChangeOrder. jsp:/ * 修改购物车中书籍的数量或删除某种书 */
Vector list = (Vector) session. getAttribute("cartList");　//取出购物车
String errInf = " ";
String address = "";
int n = list. size();
for(int i = 0;i < n;i + +){
    / * 判断购物车中哪种图书的数量要修改 */
    CartInf cart = (CartInf) list. elementAt(i);　//定位到购物车中的某本图书
    String id = cart. getBookId();　//获取当前书号
    if(request. getParameter(id)! = null){　//如果当前书号的书数量有变
        StrClass str = new StrClass(request. getParameter(id));//得到变过的数量
        if(str. isNum()){　//是否为数字
            int num = Integer. parseInt(request. getParameter(id));//转为整型
            if(num = =0){
                list. removeElementAt(i);//如果图书数量为 0,则删除该种图书
            }else{
                cart. setBookNum(num);　//更新该种图书的数量
                list. setElementAt(cart,i);　//把变过数量的书更新到购物车中
            }
        }else{
            errInf = "请在修改预定的数量时输入自然数!";
```

```
            }
            break;
        }
    }
    session.removeAttribute("cartList");    //把老的购物车清除
    if(list.size()! = 0){
        session.setAttribute("cartList",list);//把新的购物车放入 session
    }
    request.setAttribute("errInf",errInf);
    response.setHeader("refresh","1;url = myCart.jsp");//跳转到购物车页面


    EmptyCart_do.jsp：    //清空购物车
    if(session.getAttribute("cartList")! = null){
            session.removeAttribute("cartList");    //清空 session 即可
    }
        response.setHeader("refresh","1;url = myCart.jsp");    //页面跳转
```

3. 提交订单

只需要将购物车中的图书信息写入数据,不过由于订单信息和订单项信息是分开在两个表中存储的,这一操作将要涉及两个表的同时更新,如图 5.14 所示。

图 5.14 订单提交

点击 ✔ 图标,则购物车中的书籍信息将被存入订单表中。购物车同时将被清空,系统提示"目前您的购物车是空的"。

提交订单只能由已登录用户完成。虽然系统也会为游客创建购物车,但在提交时要求用户必须登录,否则提交的订单是没有意义的,因为游客没有登记过任何个人资料。

提交订单的程序流程是:

(1)检查用户是否登录;

(2)获取订单总金额;

(3)更新数据库订单表;

(4)获取刚更新到订单表中的记录的订单号;

(5)循环逐个获取购物车对象,写入数据库订单明细表(同时写入的还有订单号)。

该功能由 SubmitOrder.jsp 来实现。

```
    SubmitOrder. jsp:/ *  选书完毕,提交订单  */
< jsp:useBean id = "db" class = "bean. DBClass" scope = "page"/ >
< body >
< %
    String toJsp = "myCart. jsp";
    / *  检查用户是否登录  */
    if( session. getAttribute("userId") = = null) {
        toJsp = "notLogin. jsp";
    } else {   //如果已经登录
        String user = (String) session. getAttribute("userId");   //取出用户 id
        Vector list = (Vector) session. getAttribute("cartList");//取出购物车
        int key = 0;
        String id = "";
        String date = "";
        / *  获取订单总金额  */
        String totalMoney = request. getParameter("money");
        / *  获取订单提交日期  */
        GregorianCalendar d = new GregorianCalendar();
        date = Integer. toString(d. get(Calendar. YEAR)) + " - "
            + Integer. toString(d. get(Calendar. MONTH) + 1) + " - "
            + Integer. toString(d. get(Calendar. DAY_OF_MONTH));
        int n = list. size();   //获取购物车中书籍种类
        / *  计算订单号 key  */
        String query = "SELECT id FROM userorder";
        DBClass db = new DBClass();
        db. connect();
        ResultSet resultset = db. executeQuery(query);//查询订单号
        try {
            while( resultset. next()) {   //得到当前最大订单号
                key = Integer. parseInt( resultset. getString("id"));
                key + +;   //最大订单号加 1
            }
            id = Integer. toString(key);   //数据类型转换
            String command = "INSERT INTO userorder VALUES("
                            + "'" + id + "'" + ","
                            + "'" + user + "'" + ","
                            + "'" + date + "'" + ","
                            + "'" + totalMoney + "'" + ")";
            db. executeUpdate(command);//写入订单表
```

```
        for( int i = 0 ; i < n ; i + + ){   //将购物车中书籍信息逐个写入订单项信息表
            CartInf cart = ( CartInf) list. elementAt( i) ;
            query = "SELECT price FROM book WHERE id = " + " ' " + cart. getBookId( ) + " ' ";
            resultset = db. executeQuery( query) ;
            resultset. next( ) ;//得到当前书籍的单价
            float money = cart. getBookNum( ) * Float. parseFloat( resultset. getString( "price") ) ;
        //总价
            command = " INSERT INTO orderlist VALUES( "
                    + " ' " + id + " ' " + " ,"
                    + " ' " + user + " ' " + " ,"
                    + " ' " + cart. getBookId( ) + " ' " + " ,"
                    + " ' " + Integer. toString( cart. getBookNum( ) ) + " ' " + " ,"
                    + " ' " + Float. toString( money) + " ') ";
            db. executeUpdate( command) ;   //当前书籍信息写入订单项信息表


        }
        db. closeConnection( ) ;
    } catch( SQLException sqle) {
            System. err. println( sqle) ;
    }
    session. removeAttribute( " cartList") ;   //完成购物,清空购物车
    }
    response. sendRedirect( toJsp) ;
    response. setHeader( " refresh" , " 1 ; url = " + toJsp) ;
% >
</body >
```

4. 查看历史订单

订单一旦提交就变成了历史订单,我们用(userOrder. jsp)来负责完成该功能。如图 5.15所示。

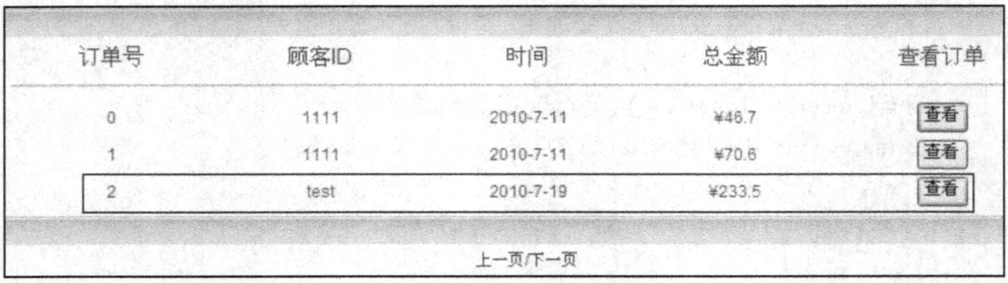

订单号	顾客ID	时间	总金额	查看订单
0	1111	2010-7-11	¥46.7	查看
1	1111	2010-7-11	¥70.6	查看
2	test	2010-7-19	¥233.5	查看
		上一页/下一页		

图 5.15　查看历史订单

userOrder. jsp 核心代码:

```
String query = "SELECT * FROM userorder WHERE user = "
        + " ' " + (String) session. getAttribute( "userId" ) + " ' ";
DBClass db = new DBClass( );
db. connect( );
ResultSet resultset = db. executeQuery( query );   //当前用户的所有订单
while( resultset. next( ) ){   //逐个显示每一个订单
    String id = resultset. getString( "id" );   //订单号
    String listURL = "orderList. jsp? id = " + id;//查看超链接
    …………
}
```

点击"查看",用 orderList. jsp 显示该订单的详细信息,如图 5.16 所示。

书名	作者	出版社	单价	数量	共计
三国演义(插图版)	罗贯中	少年儿童出版社	¥46.7	5	¥233.5

图 5.16　查看历史订单细目

orderList. jsp 核心代码:

```
String id = request. getParameter( "id" );   //获取订单号
String query = "SELECT * FROM orderlist,book WHERE orderlist. id = " + " ' " + id
    + " ' AND orderlist. book = book. id" ;//把订单中的书籍信息也一同获取
DBClass db = new DBClass( );
db. connect( );
ResultSet resultset = db. executeQuery( query );   //获取订单详细信息
while ( resultset. next( ) ){   //逐个显示订单中各个订单项的详细信息
    String name = resultset. getString( "name" );
    String author = resultset. getString( "author" );
    String publisher = resultset. getString( "publisher" );
    String price = resultset. getString( "price" );
    String sum = resultset. getString( "sum" );
    float money = Integer. parseInt( sum ) * Float. parseFloat( price );
}
```

【要点小结】

使用 JavaBean 实现购物车的核心功能就是把购物车中的每种商品设计为一个 bean(类),该类的属性有商品 id、数量,这些类组成的 List 对象就是一个购物车,购物车操作就是对 Java 的 List 对象进行操作,为了记录最新的购物车(或者说整个购物过程),需要使用 session 对象存储 List 对象。订单的生成就是将购物车中每个 bean 的属性逐个写到数据库的对应字段中,一个 bean 产生一条记录。

【课外拓展】

1. 利用 HashMap 集合实现购物车功能。

在数组中我们是通过数组下标来对其内容索引的,而在 Map 中我们通过对象来对对象进行索引,用来索引的对象叫作 key,其对应的对象叫作 value。参考代码如下:

```java
import Java.util.HashMap;
//定义一个 HashMap 集合,用于存放商品的 Id 和数量
HashMap < String, String > hm = new HashMap < String, String > ();
//定义一个总价初始值
private float allPrice = 0.0f;
//得到购物车的总价
public float getAllPrice() {
    return allPrice;
}
//根据 Id,保存修改后的数量值
public String getNumByGoodsId(String goodsId) {
    return hm.get(goodsId);
}
//添加商品
public void addGoods(String goodsId, String goodsNum) {
    hm.put(goodsId, goodsNum);
}
//删除商品
public void delGoods(String goodsId) {
    hm.remove(goodsId);
}
//清空商品
public void clear() {
    hm.clear();
}
//修改商品数量
public void updateGoodsNum(String goodsId, String newNum) {
    hm.put(goodsId, newNum);
}
```

2. 利用 JavaBean 与表单交互改造购书过程。参考代码如下:

```jsp
< jsp:useBean id = "mike" class = "bean.CartInf" scope = "page" / >//实例化对象
< jsp:setProperty name = "mike" property = " * " / >   //和表单结合设置 bean 的属性
<%
```

```
String toJsp = "addCartSuccess. jsp";
String bookId = mike. getBookId( );//利用 Javabean 的 get 方法获取书号
int num = mike. getBookNum( );    //利用 Javabean 的 get 方法获取数量
/ * 检测用户输入所需数量是否为整数 */
if( num = =0) {
        request. setAttribute( "errInf"," * 请输入自然数");
        toJsp = "addCart1. jsp";
} else {
    Vector list = new Vector( );
    if( session. getAttribute( "cartList" )! = null) {
        list = ( Vector) session. getAttribute( "cartList" );
        session. removeAttribute( "cartList" );
        for( int i =0;i < list. size( );i + +) {
            CartInf cart = ( CartInf) list. elementAt( i);
            if( bookId. equals( cart. getBookId( ) ) ) {
                list. removeElementAt( i);
                break;
                }
            }
    }
    / * 添加图书至购物车 */
    CartInf cart = new CartInf( bookId,num);    //实例化一个具体的购物车对象 cart
    list. addElement( cart);
    session. setAttribute( "cartList",list);
    response. setHeader( "refresh","1;url = " + toJsp);
} % >
```

以下为输入书籍数量的表单,该表单提交给本页去处理:

```
< form name = "form" method = "post" action = "" >
    我要 < input name = "bookNum" type = "text" id = "bookNum" value = "1" size
= "3" >本
        < input name = "bookId" type = "hidden" id = "bookId"
            value = " < % = request. getParameter( "bookId" ) % > " >
        < input type = "submit" name = "Submit" value = "提交" >
</form >
```

表单中的两个参数 bookNum 和 bookId,分别对应 CartInf. class 这个 JavaBean 中的属性,这样,利用 < jsp:setProperty name = "mike" property = " * "/ > 这个指令,表单提交后,就将表单中输入的书号数据和数量数据赋值给 CartInf 类实例化后的对象 mike 的属性了。

项目六 用户留言板

任务 1 JSP 中使用 Servlet

【任务目标】

掌握 Servlet 的基本概念、工作原理、生命周期。

【任务描述】

1. 掌握 JSP 与 Servlet 的关系。

2. 掌握 Servlet 的编码。

3. 能熟练配置和调用 Servlet 。

【理论知识】

1. Servlet 概述

Servlet 是一种独立于平台和协议的服务器端的 Java 应用程序,可以生成动态的 Web 页面。它在 Web 浏览器或其他 HTTP 客户程序发出请求时,担当与 HTTP 服务器上的数据库或应用程序之间的中间层。

Servlet 是位于 Web 服务器内部的服务器端的 Java 应用程序,与传统的从命令行启动的 Java 应用程序不同,Servlet 由 Web 服务器进行加载,该 Web 服务器必须包含支持 Servlet 的 Java 虚拟机。

2. Servlet 由来

Servlet 是在服务器上运行的小程序。这个词是在 Java applet 的环境中创造的。Java applet是一种当作单独文件跟网页一起发送的小程序,它通常用于在客户端运行,结果得到为用户进行运算或者根据用户交互作用进行定位图形等服务。

服务器上需要一些程序,常常是根据用户输入访问数据库的程序。这些通常是使用公共网关接口(CGI)应用程序完成的。然而,在服务器上运行 Java,这种程序可使用 Java 编程语言实现。在通信量大的服务器上,Java Servlet 的优点在于它们的执行速度更快于 CGI 程序。各个用户请求被激活成单个程序中的一个线程,而创建单独的程序,这意味着各个请求的系统开销比较小。

3. Java Servlet 与 Applet 的比较

(1)相似之处

①它们都不是独立的应用程序,没有 main( )方法。

②它们都不是由用户或程序员调用,而是由另外一个应用程序(容器)调用。

③它们都有一个生存周期,包含 init( )和 destroy( )方法。

(2)不同之处

①Applet 具有很好的图形界面(AWT),与浏览器一起,在客户端运行。

②Servlet 则没有图形界面,运行在服务器端。

	运行位置	派生情况	初始化过程
Java Applet	Client	java. applet. Applet	客户端的浏览器
Java Servlet	Server	javax. Servlet 包的 HttpServlet	支持 Servlet 的服务器

4. 与传统 CGI 的比较

Java Servlet 与 CGI(Common Gateway Interface)的比较:

与传统的 CGI 和许多其他类似 CGI 的技术相比,Java Servlet 具有更高的效率,更容易使用,功能更强大,具有更好的可移植性,更节省投资。在未来的技术发展过程中,Servlet 有可能彻底取代 CGI。

在传统的 CGI 中,每个请求都要启动一个新的进程,如果 CGI 程序本身的执行时间较短,启动进程所需要的开销很可能反而超过实际执行时间。而在 Servlet 中,每个请求由一个轻量级的 Java 线程处理(而不是重量级的操作系统进程)。

在传统 CGI 中,如果有 N 个并发的对同一 CGI 程序的请求,则该 CGI 程序的代码在内存中重复装载了 N 次;而对于 Servlet,处理请求的是 N 个线程,只需要一份 Servlet 类代码。在性能优化方面,Servlet 也比 CGI 有着更多的选择。

(1)方便

Servlet 提供了大量的实用工具例程,例如自动地解析和解码 HTML 表单数据、读取和设置 HTTP 头、处理 Cookie、跟踪会话状态等。

(2)功能强大

在 Servlet 中,许多使用传统 CGI 程序很难完成的任务都可以轻松地完成。例如,Servlet 能够直接和 Web 服务器交互,而普通的 CGI 程序不能。Servlet 还能够在各个程序之间共享数据,使得数据库连接池之类的功能很容易实现。

(3)可移植性好

Servlet 用 Java 编写,Servlet API 具有完善的标准。因此,为 IPlanet Enterprise Server 写的 Servlet 无需任何实质上的改动即可移植到 Apache、Microsoft IIS 或者 WebStar。几乎所有的主流服务器都直接或通过插件支持 Servlet。

(4)节省投资

不仅有许多廉价甚至免费的 Web 服务器可供个人或小规模网站使用,而且对于现有的服务器,如果它不支持 Servlet 的话,要加上这部分功能也往往是免费的(或只需要极少的投资)。

5. Java Servlet 与 JSP 的比较

JavaServer Pages(JSP)是一种实现普通静态 HTML 和动态 HTML 混合编码的技术,JSP 并没有增加任何本质上不能用 Servlet 实现的功能。但是,在 JSP 中编写静态 HTML 更加方便,不必再用 println 语句来输出每一行 HTML 代码。更重要的是,借助内容和外观的分离,页面制作中不同性质的任务可以方便地分开:比如,由页面设计者进行 HTML 设计,同时留出供 Servlet 程序员插入动态内容的空间。

Servlet 与 JSP 的关系:

Servlet 是 JSP 被解释执行的中间过程；JSP 是为了让 Servlet 的开发显得相对容易而采取的脚本语言形式。

Servlet 与 JSP 相比有以下几点区别：

（1）编程方式不同；

（2）Servlet 必须在编译以后才能执行；

（3）运行速度不同。

Servlet 其实就是 js，它的编译执行需要 Servlet 容器，也就是 Tomcat 和其他服务器里都必须需要有的 Servlet. jar。Servlet 其实也是一个 class，但它必须符合的规则要严格多了。因为它是由 JSP 容器在适当的时期调用里面相应的方法，从而实现其功能的。比如有用户请求该 Servlet 时，就调用它的 service 方法等。

JSP 则是在 Servlet 基础上发展的，因为它的写法跟传统的 HTML 页面相似，所以对于显示的控制很方便（试想在 Servlet 里面大量的 print 语句）。一般 JSP 页面都是先转换成 Servlet，然后再进行 Servlet 的一般编译和执行过程的。但是，JSP 返回的一般是字符数据，所以，如果要返回一些纯二进制数据，就要动用 Servlet 了，比如图片数据等。所以通常要有 JSP + Servlet 结合在一起。

6. HttpServlet

应用编程接口 Http Servlet 使用一个 HTML 表格来发送和接收数据。要创建一个 Http Servlet，请扩展 HttpServlet 类，该类是用专门的方法来处理 HTML 表格的 GenericServlet 的一个子类。HTML 表单是由 < FORM > 和 </FORM > 标记定义的。表单中典型地包含输入字段（如文本输入字段、复选框、单选按钮和选择列表）和用于提交数据的按钮。当提交信息时，它们还指定服务器应执行哪一个 Servlet（或其他的程序）。HttpServlet 类包含 init（）、destroy（）、service（）等方法。其中 init（）和 destroy（）方法是继承的。

（1）init（）方法

在 Servlet 的生命期中，仅执行一次 init（）方法。它是在服务器装入 Servlet 时执行的。可以配置服务器，以在启动服务器或客户机首次访问 Servlet 时装入 Servlet。无论有多少客户机访问 Servlet，都不会重复执行 init（）。

缺省的 init（）方法通常是符合要求的，但也可以用定制 init（）方法来覆盖它，典型的是管理服务器端资源。例如，可能编写一个定制 init（）来只用于一次装入 GIF 图像，改进 Servlet 返回 GIF 图像和含有多个客户机请求的性能。另一个示例是初始化数据库连接。缺省的 init（）方法设置了 Servlet 的初始化参数，并用它的 ServletConfig 对象参数来启动配置，因此所有覆盖 init（）方法的 Servlet 应调用 super. init（）以确保仍然执行这些任务。在调用 service（）方法之前，应确保已完成了 init（）方法。

（2）service（）方法

service（）方法是 Servlet 的核心。每当一个客户请求一个 HttpServlet 对象，该对象的 service（）方法就要被调用，而且传递给这个方法一个"请求"（ServletRequest）对象和一个"响应"（ServletResponse）对象作为参数。在 HttpServlet 中已存在 service（）方法。缺省的服务功能是调用与 HTTP 请求的方法相应的 do 功能。例如，如果 HTTP 请求方法为 GET，则缺省情况下就调用 doGet（）。Servlet 应该为 Servlet 支持的 HTTP 方法覆盖 do 功能。因为 HttpServlet. service（）方法会检查请求方法是否调用了适当的处理方法，不必要覆盖

service( )方法。只需覆盖相应的 do 方法就可以了。

Servlet 的响应可以是下列几种类型：

一个输出流,浏览器根据它的内容类型(如 text/HTML)进行解释。

一个 HTTP 错误响应,重定向到另一个 URL, Servlet, JSP。

(3)doGet( )方法

当一个客户通过 HTML 表单发出一个 HTTP GET 请求或直接请求一个 URL 时, doGet( )方法被调用。与 GET 请求相关的参数添加到 URL 的后面,并与这个请求一起发送。当不会修改服务器端的数据时, 应该使用 doGet( )方法。

(4)doPost( )方法

当一个客户通过 HTML 表单发出一个 HTTP POST 请求时,doPost( )方法被调用。与 POST 请求相关的参数作为一个单独的 HTTP 请求从浏览器发送到服务器。当需要修改服务器端的数据时,应该使用 doPost( )方法。

(5)destroy( )方法

destroy( )方法仅执行一次,即在服务器停止且卸装 Servlet 时执行该方法。典型的,将 Servlet 作为服务器进程的一部分来关闭。缺省的 destroy( )方法通常是符合要求的,但也可以覆盖它,典型的是管理服务器端资源。例如,如果 Servlet 在运行时会累计统计数据,则可以编写一个 destroy( )方法,该方法用于在未装入 Servlet 时将统计数字保存在文件中。另一个示例是关闭数据库连接。

当服务器卸装 Servlet 时,将在所有 service( )方法调用完成后,或在指定的时间间隔过后调用 destroy( )方法。一个 Servlet 在运行 service( )方法时可能会产生其他的线程,因此请确认在调用 destroy( )方法时,这些线程已终止或完成。

(6)GetServletConfig( )方法

GetServletConfig( )方法返回一个 ServletConfig 对象,该对象用来返回初始化参数和 ServletContext。ServletContext 接口提供有关 Servlet 的环境信息。

(7)GetServletInfo( )方法

GetServletInfo( )方法是一个可选的方法,它提供有关 Servlet 的信息,如作者、版本、版权。

当服务器调用 Sevlet 的 Service( )、doGet( )和 doPost( )这三个方法时,均需要"请求"和"响应"对象作为参数。"请求"对象提供有关请求的信息,而"响应"对象提供了一个将响应信息返回给浏览器的一个通信途径。

javax. Servlet 软件包中的相关类为 ServletResponse 和 ServletRequest,而 javax. Servlet. http 软件包中的相关类为 HttpServletRequest 和 HttpServletResponse。Servlet 通过这些对象与服务器通信并最终与客户机通信。Servlet 能通过调用"请求"对象的方法 获知客户机环境、服务器环境的信息和所有由客户机提供的信息。Servlet 可以调用"响应"对象的方法发送响应,该响应是准备发回客户机的。

7. Servlet 的工作原理

当 Web 服务器中的 Servlet 被请求访问时,此 Servlet 被加载到 Java 虚拟机中,在 Servlet 中要接受 HTTP 请求并作相应处理。由于 Servlet 在服务器端运行,对客户完全透明,因此比 Java Applet 具有更好的安全性。

8. Servlet 生命周期

(1)初始化 Servlet 对象；

(2)诞生的 Servlet 对象再调用 service 方法响应客户的请求；

(3)当服务器关闭时，调用 destroy 方法，消灭 Servlet 对象。

【实训演示】

1.创建、部署和运行 Servlet

(1)在项目 myapp 的包 test 上右键，选 Servlet，如图 6.1 所示。

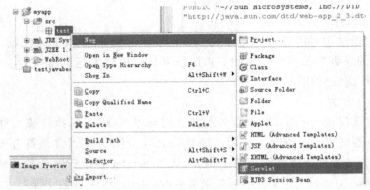

图 6.1　新建 Servlet

(2)输入 Servlet 名为 Test ，点 Next，如图 6.2 所示。

图 6.2　Servlet 命名

（3）配置 web. xml。不需要手工去书写 web. xml，只需在此处输入信息即可。如图 6.3 所示。

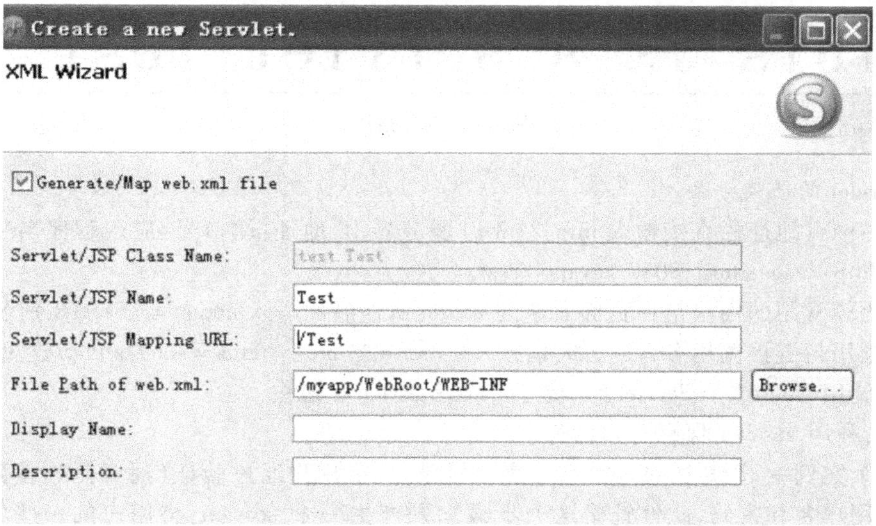

图 6.3　配置 web. xml

配置后，web. xml 文件中有如下代码：

```
< Servlet >
    < Servlet-name > Test </Servlet-name >              //Servlet 的别名
    < Servlet-class > test. Test </Servlet-class >   //创建的 Servlet 所在的包和名字
</Servlet >
< Servlet-mapping >
    < Servlet-name > Test </Servlet-name >
    < url-pattern >/Test </url-pattern >         //映射地址命名为 Test（调用时用的名字）
</Servlet-mapping >
```

（4）完成配置后，开始编辑 Test. Java 的代码。

```
//修改 doGet( )中的代码:
        PrintWriter out = response. getWriter( ) ;
        out. println(" < html > < body > < h1 >This is a Servlet test. </h1 > </body >
</htm l > ") ; out. flush( ) ;
    //修改 doPost( )方法中的代码:
    doGet( request,response) ;
```

（5）运行 Servlet。

发布项目，启动 Tomcat，浏览器中输入http://localhost:8080/myapp/Test 运行。运行结果如图 6.4 所示。

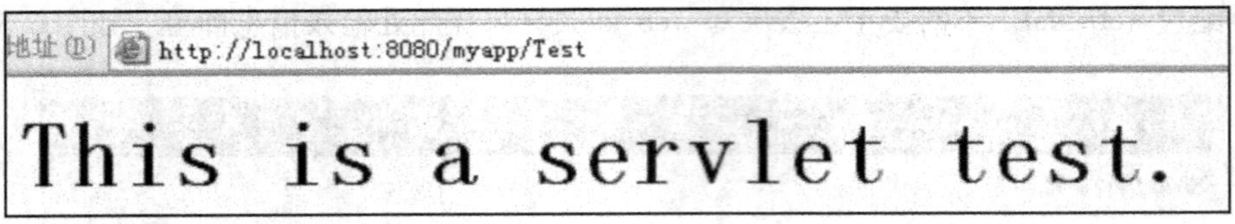

图 6.4 运行结果

2. Servlet 的使用方法

(1)在网页地址栏直接输入 http://Web 服务器 IP 地址:端口号/应用程序名字/Servlet 别名,如:http://localhost:8080/myapp/Test。

(2)比较常用的用法是在页面表单的 action 属性后面写入 action = "Servlet 别名"。

(3)利用超链接调用 Servlet,如:请按 < a href = "Note? status = selectall" > 这里 </a >!此处调用 Note 这个 Servlet 时,传了一个参数 status 过去。

案例:利用 session 保存客户信息。

在这个案例中,用户通过一个登录表单登录,如果用户通过验证(通常是连接到数据库中去比较用户名和密码,此处省略这个步骤),则产生一个 session,将用户的一些信息保存到 HttpSession 对象中。然后,再用一个 Servlet 将保存到 session 中的信息取出来,如果能够取得对应的 session 信息,那么,说明用户已经登录了,否则,说明没有登录,就跳转到登录表单的页面让用户登录。

程序一:客户登录表单。

源文件:SessionLogin. html

```html
<! DOCTYPE HTML PUBLIC "-//W3C//DTD HTML 4.01 Transitional//EN" >
<html >
<head >
<meta http-equiv = "Content-Type" content = "text/html; charset = GBK" >
<title > Insert title here </title >
</head >
<body >
<center >
<br > <br > <br >
<h3 >
<form name = login method = post action = "SaveInfo" >
    姓名: <input type = text name = userName value = "" >
     <br >
    密码: <input type = password name = Pwd value = "" >
     <br > <br >
     <input type = submit value = 提交 >
</form >
</center >
```

```
</body >
</html >
```

程序二:保存信息到 Session 中。

源文件:SaveInfo. java

```
package session;
import Java. io. * ;
import Javax. Servlet. * ;
import Javax. Servlet. http. * ;
public class SaveInfo extends HttpServlet{
    public void doGet(HttpServletRequest req,HttpServletResponse res) throws ServletEx-
ception,IOException{
//验证登录者身份
//如果用户合法就产生一个 session 放置其登录名
    req. setCharacterEncoding("GBK");
    res. setContentType("text/html;charset = GB2312");
    PrintWriter out = res. getWriter();
    if( req. getParameter("userName")! = null&&req. getParameter("userName"). e-
quals("hujie")){
        HttpSession session = req. getSession();
        session. setAttribute("userName",req. getParameter("userName"));
        out. println("Session 已经创建");
        out. println(" < br > ");
        out. println("转到读取 Session 的页面 < a href = GetSession >读取 Session 页面
</a > ");
        }
    }
    out. println("用户名错!请重新登录!");
    out. println(" < br > ");
    out. println("转到登录页面 < a href = SessionLogin. html >重新登录 </a > ");

    public void doPost(HttpServletRequest req,HttpServletResponse res) throws ServletEx-
ception,IOException{
        doGet(req,res);
    }
}
```

程序三:从 Session 中读取数据。

源文件:GetSession. java

```
package session;
import Java. io. * ;
import Javax. Servlet. * ;
import Javax. Servlet. http. * ;
public class GetSession extends HttpServlet{
    public void    doGet( HttpServletRequest req, HttpServletResponse res) throws Servle-
tException, IOException{
    res. setContentType( "text/html; charset = GB2312" );
    PrintWriter out = res. getWriter( );
    String user = "";
    //false 是表示此处不是新建 session, 只是去取已创建的 session
    HttpSession session = req. getSession( false);
    //如果 session 能取到, 则说明用户已经登录
    if( session!  = null) {
      user = ( String) session. getAttribute( "userName" );
      out. println( "获得创建的 Session" );
      out. println( " < br > < br > " );
      out. println( "登录名:" + user);
    }
    //否则, 则说明用户没有登录, 跳转到登录页面让用户登录
    else{
      res. sendRedirect( "/SessionLogin. html" );
    }}
    Public void doPost( HttpServletRequest req, HttpServletResponse res) throws ServletEx-
ception, IOException{
      doPost( req, res);
    }}
```

【要点小结】

1. Servlet 是 Java 编写的服务器端程序, 是由服务器端调用和执行的、按照 Servlet 自身规范编写的一个 Java 类。它是独立于平台和协议的服务器端的 Java 应用程序, 可以生成动态的 Web 页面, 利用 out. println("HTML 代码");可以控制输出 HTML 代码。

2. Servlet 的编写就是编写一个 Java 类。Servlet 必须在编译以后才能执行, 因此运行速度更高、更安全, 同时能帮助减少 JSP 页面。

3. Servlet 必须在 web. xml 中配置后才能使用。修改了 web. xml 文件, 就必须重新启动服务器才有效。

【课外拓展】

将第四部分中的用户登录、用户注册、添加图书、删除图书等功能改造为表单提交给 Servlet 完成。

任务 2　应用 Servlet 访问数据库

【任务目标】

1. MVC 开发模式简介。
2. MVC 的工作原理。

【任务描述】

1. 熟悉 MVC 开发模式。
2. 应用 Servlet 访问数据库。

【理论知识】

1. JSP 开发模式

（1）Model I 模式就是结合使用 JSP 页面和 JavaBean 来开发 Web 应用程序，其特点：

①Model I 体系结构用于开发简单的应用程序；

②Model I 体系结构包括多个用户可与之交互的页面；

③客户端能够直接访问加载到服务器上的页面；

④Model I Web 应用程序由复杂的 Web 逻辑组成，并链接至 Web 应用程序的其他页面。

（2）Model II 模式结合使用 JSP 页面、JavaBean 和 Servlet 来开发 Web 应用程序。MVC 设计模式就是 Model II 模式，实现了显示内容和业务逻辑的完全分离，综合采用"JSP + Servlet + JavaBean"技术。目前流行的 Struts 架构就是一种使用了 MVC 设计模式的优秀的 Web 应用架构。

MVC 模式是"Model—View—Controller"的缩写，中文翻译为"模式—视图— 控制器"。MVC 应用程序总是由这三个部分组成。Event（事件）导致 Controller 改变 Model 或 View，或者同时改变两者。只要 Controller 改变了 Models 的数据或者属性，所有依赖的 View 都会自动更新。类似的，只要 Controller 改变了 View，View 会从潜在的 Model 中获取数据来更新自己。

MVC 模式最早是 smalltalk 语言研究团提出的，应用于用户交互应用程序中。smalltalk 语言和 Java 语言有很多相似性，都是面向对象语言，因此，SUN 在 petstore（宠物店）事例应用程序中就推荐 MVC 模式作为开发 Web 应用的架构模式。

MVC 模式是一个复杂的架构模式，其实现也显得非常复杂。但是，我们已经总结出了很多可靠的设计模式，多种设计模式结合在一起，使 MVC 模式的实现变得相对简单易行。Views 可以看作一棵树，显然可以用 Composite Pattern 来实现。Views 和 Models 之间的关系可以用 Observer Pattern 体现。Controller 控制 Views 的显示，可以用 Strategy Pattern 实现。Model 通常是一个调停者，可采用 Mediator Pattern 来实现。

现在让我们来了解一下 MVC 三个部分在 J2EE 架构中处于什么位置，这样有助于我们理解 MVC 模式的实现。MVC 与 J2EE 架构的对应关系是：View 处于 Web Tier 或者说是 Client Tier，通常是 JSP/Servlet，即页面显示部分。Controller 也处于 Web Tier，通常用 Servlet

来实现,即页面显示的逻辑部分实现。Model 处于 Middle Tier,通常用服务端的 JavaBean 或者 EJB 实现,即业务逻辑部分的实现。如图 6.5 所示。

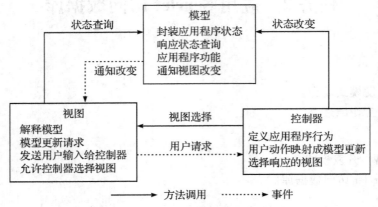

图 6.5　MVC 组件类型的关系和功能

MVC 的全名为 Model-View-Controller,即把一个应用的输入、处理、输出流程按照 Model、View、Controller 的方式进行分离,这样一个应用被分成三个层——模型层、视图层、控制层。

视图(View)代表用户交互界面,对于 Web 应用来说,可以概括为 HTML 界面,但有可能为 XHTML、XML 和 Applet。随着应用的复杂性和规模性,界面的处理也变得具有挑战性。一个应用可能有很多不同的视图,MVC 设计模式对于视图的处理仅限于视图上数据的采集和处理,以及用户的请求,而不包括在视图上的业务流程的处理。业务流程的处理交予模型(Model)处理。比如一个订单的视图只接受来自模型的数据并显示给用户,以及将用户界面的输入数据和请求传递给控制和模型。

模型(Model):就是业务流程/状态的处理以及业务规则的制定。业务流程的处理过程对其他层来说是暗箱操作,模型接受视图请求的数据,并返回最终的处理结果。业务模型的设计可以说是 MVC 最主要的核心。目前流行的 EJB 模型就是一个典型的应用例子,它从应用技术实现的角度对模型做了进一步的划分,以便充分利用现有的组件,但它不能作为应用设计模型的框架。它仅仅告诉你按这种模型设计就可以利用某些技术组件,从而减少了技术上的困难。对一个开发者来说,就可以专注于业务模型的设计。MVC 设计模式告诉我们,把应用的模型按一定的规则抽取出来,抽取的层次很重要,这也是判断开发人员的设计是否优秀的依据。抽象与具体不能隔得太远,也不能太近。MVC 并没有提供模型的设计方法,而只告诉你应该组织管理这些模型,以便于模型的重构和提高重用性。我们可以用对象编程来做比喻,MVC 定义了一个顶级类,告诉它的子类你只能做这些,但没法限制你能做这些。这点对编程的开发人员非常重要。业务模型还有一个很重要的模型那就是数据模型。数据模型主要指实体对象的数据保存(持续化)。比如将一张订单保存到数据库,从数据库获取订单。我们可以将这个模型单独列出,所有有关数据库的操作只限制在该模型中。

控制(Controller)可以理解为从用户接收请求,将模型与视图匹配在一起,共同完成用户的请求。划分控制层的作用也很明显,它清楚地告诉你,它就是一个分发器,选择什么样的模型,选择什么样的视图,可以完成什么样的用户请求。控制层并不做任何的数据处理。

例如,用户点击一个链接,控制层接受请求后,并不处理业务信息,它只把用户的信息传递给模型,告诉模型做什么,选择符合要求的视图返回给用户。因此,一个模型可能对应多个视图,一个视图可能对应多个模型。

　　模型、视图与控制器的分离,使得一个模型可以具有多个显示视图。如果用户通过某个视图的控制器改变了模型的数据,所有其他依赖于这些数据的视图都应反映这些变化。因此,无论何时发生了何种数据变化,控制器都会将变化通知所有的视图,导致显示的更新。这实际上是一种模型的变化—传播机制。模型、视图、控制器三者之间的关系和各自的主要功能,如图 6.5 所示。

　　MVC 模式是一种架构模式,需要其他模式协作完成。在 J2EE 模式目录中,通常采用 service to worker 模式实现,而 service to worker 模式可由集中控制器模式、派遣器模式和 Page Helper 模式组成。而 Struts 只实现了 MVC 的 View 和 Controller 两个部分,Model 部分需要开发者自己来实现,Struts 提供了抽象类 Action 使开发者能将 Model 应用于 Struts 框架中。

　　2. MVC 设计模式的实现

　　ASP. NET 提供了一个能很好地实现这种经典设计模式的类似环境。开发者通过在 AS-PX 页面中开发用户接口来实现视图;控制器的功能在逻辑功能代码(. cs)中实现;模型通常对应应用系统的业务部分。在 ASP. NET 中实现这种设计而提供的一个多层系统,较经典的 ASP 结构实现的系统来说有明显的优点。将用户显示(视图)从动作(控制器)中分离出来,提高了代码的重用性。将数据(模型)从对其操作的动作(控制器)分离出来可以让你设计一个与后台存储数据无关的系统。就 MVC 结构的本质而言,它是一种解决耦合系统问题的方法。

　　(1) MFC

　　微软所推出的 MFC Document/View 架构是对 MVC 模式实现的早期作品,MFC 将程序分成 CView 以及 CDocument 两大类,其中的 Document 对应 MVC 中的 Model,View 相当于 MVC 中的 View + Controller,再加上 CWinApp 类,合成三大项。但是 MFC 基本上是一个失败的 MVC 作品。

　　由于 MFC 架构之下的 Document/View 定义过于模糊,未将 Controller(MessageMap)部分取出,因此 Controller 可以任意置入 View 或 Document,但无论置入哪一方面,都会与 View 或 Document 绑死,没有弹性。

　　(2) Java

　　Java 平台企业版(J2EE)和其他的各种框架不一样,J2EE 为模型对象(Model Objects)定义了一个规范。

　　视图(View):在 J2EE 应用程序中,视图(View)可能由 Java Server Page(JSP)承担。生成视图的代码则可能是一个 Servlet 的一部分,特别是在客户端与服务端交互的时候。

　　控制器(Controller):J2EE 应用中,控制器可能是一个 Servlet,现在一般用 Struts 实现。

　　模型(Model):模型则是由一个实体 bean 来实现。

　　MVC 在 Java 开发 Web 系统中的应用,即多了一个 Controller:Servlet 来分发客户端浏览器的请求,JSP 对应着 View,Servlet 对应着 Controller,JavaBean 对应着 Model,因为采用 Servlet 可使用 Servlet container 已经封装好的页面数据请求对象 HttpServletRequest,这样就省去

了自己封装页面请求数据的工作,从而把视图层和模型层彻底分开,这种开发模式的架构见图 6.6。

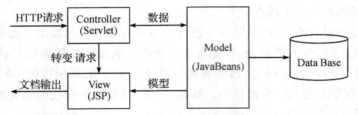

图 6.6 MVC 在 Java 开发 Web 系统中的应用(JSP + Servlet + JavaBean)

3. MVC 设计模式的扩展

通过 MVC 模式编写的,具有极其良好的可扩展性。它可以轻松实现以下功能:

(1)实现一个模型的多个视图;

(2)采用多个控制器;

(3)当模型改变时,所有视图将自动刷新;

(4)所有的控制器将相互独立工作。

这就是 MVC 模式的好处,只需在以前的程序上稍作修改或增加新的类,即可轻松增加许多程序功能。以前开发的许多类可以重复使用,而程序结构几乎不再需要改变,各类之间相互独立,便于团体开发,提高开发效率。

4. MVC 的优点

大部分用过程语言比如 ASP、PHP 开发出来的 Web 应用,初始的开发模板就是混合层的数据编程。例如,直接向数据库发送请求并用 HTML 显示,开发速度往往比较快,但由于数据页面的分离不是很直接,因而很难体现出业务模型的样子或者模型的重用性。产品设计弹性力度很小,很难满足用户的变化性需求。MVC 要求对应用分层,虽然要花费额外的工作,但产品的结构清晰,产品的应用通过模型可以得到更好的体现。

(1)最重要的是应该有多个视图对应一个模型的能力。在目前用户需求的快速变化下,可能有多种方式访问应用的要求。例如,订单模型可能有本系统的订单,也有网上订单,或者其他系统的订单,但对于订单的处理都是一致的。按 MVC 设计模式,一个订单模型以及多个视图即可解决问题。这样减少了代码的复制,即减少了代码的维护量,一旦模型发生改变,也易于维护。

(2)由于模型返回的数据不带任何显示格式,因而这些模型也可直接应用于接口的使用。

(3)由于一个应用被分为三层,因此有时改变其中的一层就能满足应用的改变。一个应用的业务流程或者业务规则的改变只需改动 MVC 的模型层。

控制层的概念也很有效,由于它把不同的模型和不同的视图组合在一起完成不同的请求,因此,控制层可以说是包含了用户请求权限的概念。

(4)它还有利于软件工程化管理。由于不同的层各司其职,每一层不同的应用具有某些相同的特征,有利于通过工程化、工具化产生管理程序代码。

5. MVC 的不足

MVC 的不足体现在以下几个方面:

（1）增加了系统结构的复杂性和实现的难度。对于简单的界面，严格遵循 MVC，使模型、视图与控制器分离，会增加结构的复杂性，并可能产生过多的更新操作，降低运行效率。

（2）视图与控制器之间过于紧密的连接。视图与控制器是相互分离、但确实联系紧密的部件，视图没有控制器的存在，其应用是很有限的，反之亦然，这样就妨碍了它们的独立重用。

（3）视图对模型数据的低效率访问。依据模型操作接口的不同，视图可能需要多次调用才能获得足够的显示数据。对未变化数据的不必要的频繁访问，也将损害操作性能。

（4）目前，一般高级的界面工具或构造器不支持 MVC 模式。改造这些工具以适应 MVC 需要和建立分离的部件的代价是很高的，从而造成使用 MVC 的困难。

6. 模型生命周期

在 MVC 模式中，Servlet 对象创建 JavaBean 也涉及生命周期，生命周期分为 request、session和 application。

【实训演示】

本例通过一个简单的用户验证功能来说明"jsp + Servlet + Javabean"是如何分工协作完成 MVC 模式开发的。

（1）View 层：login. jsp 核心代码，action 给换一个 Servlet 去处理验证用户的合法性。

```
< form name = "form1" method = "post" action = "CheckServlet" >
    < td >用户名 </td >        < input type = "text" name = "userName"/ >
    < td >密码 </td >        < input type = "password" name = "userPwd"/ >
    < input type = "submit" onClick = "submitForm( )" name = "Submit" value = "登陆" >
    < input type = "reset" value = "重置" >
</form >
```

（2）Control 层：CheckServlet. java。

控制器组件是一个 Servlet 程序。该组件处理 HTTP 的 POST 请求（来自 login. jsp）。然后调用模型组件（DataBean. Java）检查该用户是否为合法用户，若是，则将用户实体放入 session，否则将 null 放入 session，页面跳转到 index. jsp。代码如下：

```
package com. Servlet;
import Javax. Servlet. * ;
import Javax. Servlet. http. * ;
import Java. io. * ;
import Java. util. * ;
import com. wang. bean. * ;
public class CheckServlet
    extends HttpServlet
{
    private static final String CONTENT_TYPE = "text/html; charset = GBK";
    //Initialize global variables
    public void init( )
```

```java
    throws ServletException
{
}
//Process the HTTP Get request
public void doGet(HttpServletRequest request, HttpServletResponse response)
    throws
    ServletException, IOException
{
    if (request.getParameter("userName") ! = null &&
      request.getParameter("userPwd") ! = null)
    {
      String userName = request.getParameter("userName");
      String userPwd = request.getParameter("userPwd");
      DataBean db = new DataBean();
      UserBean ub = db.checkUsersLogin(userName, userPwd);
      request.getSession().setAttribute("user",ub);
      response.sendRedirect("index.jsp");
    }
}

//Process the HTTP Post request
public void doPost(HttpServletRequest request, HttpServletResponse response)
    throws
    ServletException, IOException
{
    doGet(request, response);
}
//Clean up resources
public void destroy()
{
}
}
```

（3）Model 层：DataBean. java(数据库操作类)；
　　　　　　UserBean. java(用户实体类)。

```java
UserBean. java：
package com. bean；
/ *
```

```
    用户 bean
  */
public class UserBean
{
    private String userName;
    private String userPwd;
    private long userId;
    public UserBean()
    {

    }
    public void setUserName(String userName)
    {
        this. userName = userName;
    }
    public void setUserPwd(String userPwd)
    {
        this. userPwd = userPwd;
    }
    public void setUserId(long userId)
    {
        this. userId = userId;
    }
    public String getUserName()
    {
        return userName;
    }
    public String getUserPwd()
    {
        return userPwd;
    }
    public long getUserId()
    {
        return userId;
    }
}

DataBean. Java：
package com. bean;
import Java. sql. * ;
```

```java
import com. wang. bean. * ;
import Java. util. * ;
/ * 数据库业务 bean * /
public class DataBean
{
    private Connection conn = null;
    private ResultSet res = null;
    private Java. sql. PreparedStatement prepar = null;
    private Java. sql. CallableStatement proc = null;
    public DataBean( )   //构造方法,获取数据库连接
    {
      try{
      Class. forName("com. mysql. jdbc. Driver");
      conn = DriverManager. getConnection("jdbc:mysql://localhost:3306/jp","root",
"123456");
      }catch (SQLException ex){
            System. out. println(ex. getMessage( ) + "1 路径错误");
      }
        catch (ClassNotFoundException ex){
            System. out. println(ex. getMessage( ) + "驱动错误");
        }
    }

    public UserBean checkUsersLogin(String userName, String userPwd)//登录验证
    {
        UserBean ub = null;
        if (! checkParameter(userName + userPwd))
        {
            userName = "null";
            userPwd = "null";
        }
        try
        {
            String sql =
                "select count( * ) from admin where userName = ? and userPwd = ?";
            prepar = conn. prepareStatement(sql);
            prepar. setString(1, userName);
            prepar. setString(2, userPwd);
        res = prepar. executeQuery( );
```

```
                    if ( res. next( ) )
                {
                 if ( res. getInt( 1 ) > 0 )
                    {
                        ub = this. getUser( userName );
                    }
                else
                    {
                        ub = null;
                    }
                }
        }
        catch ( Exception e )
        {
            ub = null;
            e. printStackTrace( );
        }
        return ub;
    }
}
```

【要点小结】

　　前面的开发案例中大多采用纯粹 JSP 页面的实现方式。这种实现方式的特点是:不利于项目的扩展和代码的复用,因为所有的处理逻辑均由 JSP 页面承担,所以页面本身会变得越来越臃肿,不利于代码的维护和改进。较好的开发模式有:

　　(1)JSP + JavaBean 两层开发模式是以 JSP 为中心,以 JavaBean 封装部分业务处理逻辑的开发模式,这种模式被称为 Model 1(设计模式 1)。这种模式的最大优势是实现起来比较简单,适合快速开发小规模的项目。JSP 页面会完成请求的所有处理事项,负责向客户显示输出。在 Model 1 架构中,整个流程并没有 Servlet 的参与,客户请求直接送往 JSP 页面,然后 JSP 页面调用 JavaBeans 组件或其他业务组件处理请求,并把结果在另两个页面显示出来。

　　(2)MVC 三层开发模式称为 Model 2(即设计模式 2),即模型—视图—控制器模式,其核心思想是将整个程序代码分成相对独立而又能协同工作的三个组成部分。客户请求不是直接送给 JSP 页面,而是送给一个 Servlet 进行前端处理。一旦请求处理完毕,Servlet 会把请求重定向到适当的 JSP 页面。

　　(3)Model 1 和 Model 2 的主要差异在于 Model 2 架构引入了 Servlet,它提供单一入口点,并鼓励更多的重用和可扩展性。这是 Model 1 所不能比拟的。采用 Model 2 架构时,业务逻辑、表示输出和请求处理之间有清楚的界线。

　　MVC 设计模式实际上实现了基于组件的开发,在整个的软件开发过程中实现了具体清晰的逻辑划分,能够有效地区分不同角色,并尽可能减少彼此间的互相影响,更加适合于大规模系统的开发与管理。

【课外拓展】

(1)上面我们利用"JSP + Servlet + JavaBean"设计了一个简单登录系统,这个系统的设计构架是基于 MVC 模式的。但在这个 Java Web 应用系统中,控制器中包含重定向页面的名称,如程序片段:

```
response. sendRedirect("index. jsp");
```

这样会使系统的视图组件与控制器组件耦合得很紧密,很明显,这不利于系统的扩展和维护。对于大型的 Java Web 系统来说,这样的紧密耦合会使系统的扩展和维护变得困难。为了解决这些问题,一些性能更好的 MVC 架构出现了,而 Struts 则是其中应用最普遍的一种架构。

(2)将之前网上书店项目中有关数据库操作的程序改造成 MVC 模式,用 Servlet 取代 JSP 页面完成对 JavaBean 的调用。

(3)在 Servlet 中接收表单参数时如何防止出现中文乱码。

在控制层 Servlet 的 doPost 方法中加入以下代码:

```
request. setCharacterEncoding("GBK");
//设置编码,然后通过 request. getParameter 就可以获得正确的汉字数据。
response. setContentType("text/html;charset = GB2312");   //页面显示正确的汉字
```

但是如果在 Servlet 中用 doGet 方法处理,即使加了以上两行代码也无法解决乱码问题,解决方法是:

打开 Tomcat 的 server. xml 文件,找到 < connector... > </connector > 区块,加入如下属性:URIEncoding = "GBK",如:

```
< connector uriencoding = "GBK" maxthreads = "150" debug = "0" redirectport = "8443"
port = "8080" enablelookups = "false" maxsparethreads = "75" minsparethreads = "25" connec-
tiontimeout = "20000" disableuploadtimeout = "true" acceptcount = "100" > </connector >
```

然后重启 Tomcat。

任务3　留言板的需求分析及系统设计

【任务目标】

1.了解软件开发的过程。

2.熟悉软件系统需求分析方法。

3.掌握软件系统数据库设计。

4.熟悉模块设计文档。

【任务描述】

1.熟练书写留言板的需求分析说明书。

2.掌握留言板的界面设计、数据库设计。

3.熟练书写模块设计报告。

【**理论知识**】

1.软件及软件工程的概念

软件包括了使计算机运行所需要的各种程序及其有关的文档资料。其中,程序是计算机任务的处理对象和处理规则的描述;文档是为了理解程序所需的阐述性资料。

软件工程是在20世纪60年代末期提出的。这一概念的提出,其目的是倡导以工程的原理、原则和方法进行软件开发,以期解决当时出现的"软件危机"。一些软件开发的错误方法和观念是导致"软件危机"的原因之一,如软件开发成本与进度估计不准确、闭门造车、软件开发人员仓促上阵,编写程序、软件产品的质量量化分析不够、软件重用性差、软件没有适当的文档资料,软件成本逐年上升,等等。

软件工程是指把系统的、规范化的、可以度量的方法运用于软件的开发、运行和维护的过程;简言之,工程化在软件方面的作用。软件工程七条基本原理:

(1)用分阶段的生命周期计划进行严格管理;

(2)坚持进行阶段评审;

(3)实行严格的产品控制;

(4)采用现代程序设计技术;

(5)结果应能清楚地审查;

(6)开发小组的人员应该少而精;

(7)承认不断改进软件工程实践的必要性。

软件工程的目标可概括为:在给定成本、进度的前提下,开发出具有可修改性、有效性、可靠性、可理解性、可维护性、可重用性、可适应性、可移植性、可追踪性和可互操作性并满足用户需要的软件产品。

应该特别指出:"可靠性"这个目标在软件工程中有着重要的意义。广义上讲,它涉及产品设计的一系列问题,从而使产品能在相当长的期间内稳定工作。狭义上讲,可靠性是软件成功运行的概率度量,可靠性分析和可靠性测试可作为衡量软件质量和其他开发过程的最重要的方法之一。

2.软件生命周期

软件生命周期展示了软件从功能确定、设计,到开发成功投入使用,并在使用中不断地修改、增补和完善,直至被新的需要所替代而停止该软件的使用的全过程。软件开发的主要步骤和过程如图6.7所示。

3.需求分析方法

软件开发的第一步工作就是了解客户对软件系统的需求,首先进行需求调研工作。需求调研就是需求的采集过程,需要充分了解用户需求、业务内容和业务流程,是进行需求分析的前提条件。需求调研的步骤是:

(1)明确目标;

(2)有效沟通;

(3)提炼需求;

(4)确认需求。

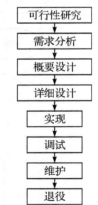

图6.7　软件生命周期

需求分析人员对收集到的用户需求做进一步的分析和整理,借助数据流图(DFD)、实体关系图(ERD)和用例图(Use Case)等把用户需求文档化,即完成需求分析说明书。

如图 6.8 所示为裁判员认证系统的用例图。

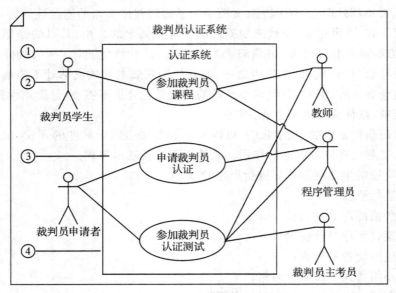

图 6.8　用例图

实体关系图是为了表示系统中对象和对象之间的对应关系。图 6.9 显示了实体关系图的两种表示方法。

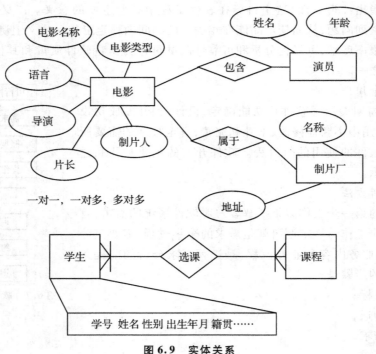

图 6.9　实体关系

4.需求分析说明书的格式

编写网站需求分析说明书是为了让用户和软件开发商对所要建设的网站系统有一个共同的理解,使之成为整个开发工作的基础。需求分析说明书的主要内容如下:

> 1 引　言
> 　　1.1 编写目的　1.2 项目背景　1.3 定义　1.4 参考资料
> 2 任务描述
> 　　2.1 目标　2.2 用户的特点　2.3 人员分工及进度
> 3 需求描述
> 　　3.1 功能需求　3.2 性能要求　3.3 故障处理要求　3.4 其他要求
> 4 运行环境规定
> 　　4.1 硬件环境　4.2 软件环境

5.系统设计

(1)系统的流程设计

业务流程图(Transaction Flow Diagram,TFD)就是用一些尽可能少的规定的符号及连线来表示某个具体业务处理过程。

(2)功能设计

软件系统的作用是通过功能展现出来的,不同用途的系统具有不同的功能,必须始终围绕需求的目的来设计软件系统的功能。

(3)页面设计

根据需求分析结果,把重要软件界面设计出来,帮助开发人员和用户进行进一步的沟通和确认,方便设计数据库。

(4)数据库设计

根据系统的功能需求,对数据进行组织和存储,选择数据库管理系统,设计数据字典。

(5)安全性设计

对于网站程序自身的安全性,应该从以下几个方面考虑:

①不信任原则;

②输入检查原则;

③用户最小权限原则;

④程序运行最小权限原则;

⑤组件安全性原则;

⑥程序错误处理原则。

6.系统设计说明书

(1)概要设计说明书

概要设计说明书主要完成系统的重要流程和结构设计,数据库设计和界面设计。概要设计说明书的主要内容如下:

> 1 引　言
> 　　1.1 编写目的　1.2 背景　1.3 定义　1.4 参考资料

(2)详细设计说明书

详细设计说明书主要为接下来的编码服务,重点进行模块设计,要完成的主要内容是:

①模块相关的数据库表;

②模块相关的页面(输入输出窗口);

③模块的处理流程。

【实训演示】

1. 留言板需求分析

留言板用于在 Internet/Intranet 中,为访问者提供一个信息发布/信息交流的场所,应具备以下基本功能:

(1)用户注册功能

经常进行留言的访问者可以进行用户注册,填入一些基本的会员资料,以及用户名、密码,这样每次留言时只需输入用户名和密码进行登录,然后直接填写留言内容。

(2)留言功能

需要登录也可以发表留言。

(3)留言列表功能及搜索功能

列出所有用户留言,并支持按姓名、留言内容、留言标题等多个字段进行搜索。

(4)留言管理功能

管理员可以对用户的留言进行管理,主要是留言的回复(修改)和删除。

2. 系统设计

在进行程序开发之前,我们设计的本模块中的主要流程如图 6.10 所示。

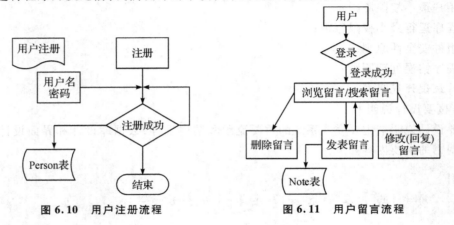

图 6.10 用户注册流程   图 6.11 用户留言流程

留言系统中可以进行用户注册,用户填入姓名、登录名、登录密码等内容后可以进行注册,注册用户登录后,可以查看留言和发表留言。

留言模块中的核心流程如图 6.11 所示,用户访问到留言系统后,首先进入的是留言浏览界面,在这个界面用户可以以分页的形式查看所有留言,用户也可以进行搜索,针对性地查看一些留言。用户单击"添加新留言"按钮后可以发表新留言。单击"删除"按钮可以删除留言,单击留言标题进入留言修改界面。

3. 数据库设计

用户注册表 person 和用户登录表前面已经设计,可以直接使用。如图 6.12 所示。

名称 ▲	类型	空	默认值	属性	备注(C)
id	varchar(20)	no			用户账号
name	varchar(20)	yes	<空>		姓名
password	varchar(20)	yes	<空>		登录密码

图 6.12　用户注册表设计

留言表 note 需要包括:编号、发表留言的用户名、留言标题、留言内容等。如图6.13所示。

主索引(P)	Id			unique	
Id	int(11)	no	<auto...		留言编号,自增
title	varchar(255)	yes	<空>		标题
author	varchar(255)	yes	<空>		用户
content	varchar(255)	yes	<空>		留言内容

图 6.13　留言表 note 设计

4. 需求分析说明书

(1)项目背景

①待开发的软件系统的名称;

②本项目的任务提出者、开发者、用户及实现该软件的计算中心或计算机网络;

③该软件系统同其他系统或其他机构的基本的相互来往关系。

(2)项目目标

叙述该项软件开发的意图、应用目标、作用范围以及其他应向读者说明的有关该软件开发的背景材料。解释被开发软件与其他有关软件之间的关系。如果本软件产品是一项独立的软件,而且全部内容自含,则说明这一点。如果所定义的产品是一个更大的系统的一个组成部分,则应说明本产品与该系统中其他各组成部分之间的关系,为此可使用一张方框图来说明该系统的组成和本产品同其他各部分的联系和接口。

(3)需求说明

①功能需求

先画一个系统总体结构图,然后按软件模块一一罗列出每个模块具备怎样的功能。可以采用文字、系统流程图、实体关系图等手段描述。

②性能需求

说明对该软件的输入、输出数据精度的要求,可能包括传输过程中的精度。

说明对于该软件的时间特性要求,如:响应时间、更新处理时间、数据的转换和传送时间、解题时间等要求。

说明对该软件的灵活性的要求,即当需求发生某些变化时,该软件对这些变化的适应能力,如:操作方式上的变化、运行环境的变化、同其他软件的接口的变化、精度和有效时限的变化、计划的变化或改进等。

列出可能的软件、硬件故障以及对各项性能而言所产生的后果和对故障处理的要求。

如用户单位对安全保密的要求,对使用方便的要求,对可维护性、可补充性、易读性、可靠性、运行环境可转换性的特殊要求等。

(4)运行环境规定

硬件运行环境:列出运行该软件所需要的硬设备。说明其中的新型设备及其专门功能。

软件运行环境:列出支持软件,包括要用到的操作系统、Web 服务器软件、测试支持的软件等。

5. 系统模块设计要点

以"数据读取模块功能设计"为例说明如何书写模块设计说明。

模块名称:数据读取。

父模块:无。

相关数据库表:Info, News, Product, Download, Job, Jobbook, Honor, Img。

相关输入输出窗口:about. jsp, news. jsp, Product. jsp, download. jsp, Honor. jsp, Sale. jsp, Job. jsp, Server. jsp。

模块处理说明:用户通过主窗口(index. jsp)进入用户想要查看的不同页面,页面上出现相应的数据,此数据由 com/read/readbean. java 处理。通过不同页面不同的功能,传递不同的查询条件到 com/read/readbean. java 这个 bean 中,调用不同的方法,在数据库中查询到相应的值,并返回给前台,显示在相应的页面。如前台的新闻显示模块,由 com/read/readbean. java 中调用 readnews 这个方法,取出数据库的前 5 条记录,回传给前台,前台以一定格式输出。其他模块,如企业信息、产品展示等都是用同样的方法调用 Javabean 中不同的方法获得数据。

6. 页面设计

(1)在主页设计中,具有用户注册、用户登录、管理员登录入口、留言列表、发表留言及退出登录功能按钮。

登录提醒界面如图 6.14 所示。

您还未登录,请先登录!!!
两秒后自动跳转到登录窗口!!!
如果没有跳转,请按这里!!!

图 6.14   登录提醒界面

(2)留言列表含有的信息主要有:留言标题、留言人、留言内容,可进行修改和删除操作。如图 6.15 所示。

请输入查询内容：[　　　　　] [查询]

添加新留言

留言ID	标题	作者	内容	删除
2	测试	测试	测试测试	删除
3	留言标题	作者	留言内容	删除
4	考试答疑	王晓明	request对象的使用方法	删除
5	通知	班主任	班级活动定于10号	删除
6	1	1	1	删除

图 6.15　留言列表界面

（3）单击单个留言的标题进入编辑留言页面，可浏览留言内容，并对此留言进行修改，如图 6.16 所示。

图 6.16　留言修改界面

（4）发表留言，如图 6.17 所示。

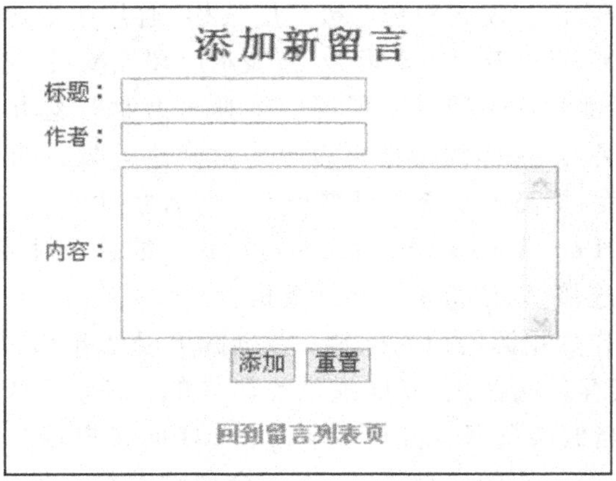

图 6.17　发表留言界面

【要点小结】

1. 需求分析是软件开发的重要步骤，需求分析的方法是需求调研，需求分析的成果是需求分析说明书。需求要通过客户确认后,开发人员才能开始系统设计工作。需求分析可以借助 UML 工具完成,主要有实体关系图、用例图等。

2.需求分析完成后,开始软件系统设计,分为概要设计和详细设计。概要设计主要完成系统的流程设计、功能设计、数据库设计和界面设计,详细设计主要完成功能模块设计,为接下来的编码提供详细的设计资料。系统设计中可以借助 UML 的类图、时序图等。

【课外拓展】

1.安装 visio,了解 UML 工具的使用方法。

2.完成留言板的需求分析说明书和详细设计说明书(模块设计)。文档中使用一定的 UML 图,如实体关系图、用例图、类图、时序图等。

任务 4　应用 Servlet 实现用户留言板的制作

【任务目标】

1.掌握 MVC 开发模式。

2.掌握留言板功能模块的实现。

3.掌握 MyEclipse 开发工具的使用。

【任务描述】

1.熟练利用"JSP + Servlet + JavaBean"模式实现留言板的发表留言、留言列表及搜索、用户管理功能;

2.熟练使用 MyEclipse,掌握 Web 程序的开发方法与发布部署。

【理论知识】

前面我们介绍了 MVC 设计模式和企业级三层架构,通常在企业级开发中,会将这两种架构结合起来使用。MVC 分别表示实现模型层、表示层和控制层,对于模型层而言,可以通过再抽象化进行细分,通常开发中的模型层可以将其归为业务逻辑层与数据层的组合(即企业级三层架构的后两层)。这样的抽象可以更好地实现开发人员分工明确,降低了业务逻辑层与数据层的耦合度,提高了系统的可维护性和可移植性。

使用数据访问对象(Data Access Object,DAO)模式来抽象和封装所有对数据源的访问。DAO 管理着与数据源的连接,以便检索和存储数据。

DAO 实现了用来操作数据源的访问机制。数据源可以是 RDBMS、LDAP、File 等。依赖于 DAO 的业务组件为其客户端使用 DAO 提供更简单的接口。DAO 完全向客户端隐藏了数据源实现细节。由于当低层数据源实现变化时,DAO 向客户端提供的接口不会变化,所有该模式允许 DAO 调整到不同的存储模式,而不会影响其客户端或者业务组件。重要的是,DAO 充当组件和数据源之间的适配器。按照这个原理,我们就可以无缝地从 MySQL 迁移到任何一个 RDBMS(关系型数据库管理系统)了。

首先,要了解 DAO 模式是如何实现的,如图 6.18 所示。

图中类的描述:

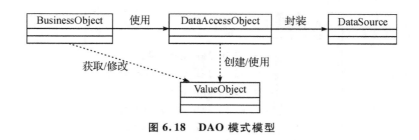

图 6.18　DAO 模式模型

1.BusinessObject(业务对象)

业务逻辑的处理类,该类按相应的业务需要访问数据源对数据进行操纵。

2.DataAccessObject(数据访问对象)

该模式的核心类。DataAccessObject 是 BusinessObject 对低层数据访问实现,以保证对数据源的透明访问。BusinessObject 可以把数据加载和存储操作委托给 DataAccessObject。

3.DataSource(数据源)

代表数据源的实现类。数据源可以是各种数据库,如 LDAP、File、XML 等。

4.ValueObject(值对象)

代表携带数据的实体类。DataAccessObject 可以接受来自客户端的数据,将其存放在 VO(value object)中保存或更新至数据源,同时也可以将从数据源中返回的数据存放在 VO 中传递给客户端。

DAO 模式的主要优点在于:

(1)实现对数据源操作的透明性。

(2)易于维护与移植。

(3)减少业务逻辑层代码的复杂性。

当然,对于一个特定的 DAO,需要建立与多种不同数据源的映射关系,为了更加方便地实现移植,通过调整抽象工厂方法模式,DAO 模式可以达到很高的灵活度。抽象工厂模式(Abstract Factory)意图是提供一个创建一系列相关或相互依赖对象的接口,而无需指定它们的具体的类。对于某些创建环境,如 Web 容器与 Web 服务器来说,不同产品厂商实现的方法会有区别,但根据标准都完成了容器与服务器的基本功能,在实现程序时经常将厂商与产品进行化分与抽象。

当底层存储不会随着实现变化而变化时,可以使用工厂方法模式来实现该策略。通常实现所有应用需要的 DAO,通过向工厂的创建方法传递参数的形式来得到相应的 DAO。

【实训演示】

1.总体设计

整个留言板系统按照"JSP + Servlet + Javabean"模式开发,用到了 DAO 模式。DAO 模式将底层数据访问操作与高层业务逻辑进行分离,对上层提供面向对象的数据库访问接口。在企业级应用开发中,可以通过 JDBC 编程来开发自己的 DAO API,把数据库访问操作封装起来,供业务层统一调用。

具体部署如下:

cn.mldn.lxh.note.dao:存放系统用到的接口。

cn.mldn.lxh.note.dao.impl:存放系统用到的接口的实现。

cn.mldn.lxh.note.dbc:存放系统用到的数据库连接的类。

cn.mldn.lxh.note.factory:DAO 抽象工厂类,存放系统用到的数据访问对象的实例。

cn.mldn.lxh.note.Servlet:存放系统用到的 Servlet。

cn.mldn.lxh.note.vo:存放系统用到的实体类。

2. 实体类设计

Note.java:留言实体类。

```java
package cn.mldn.lxh.note.vo;
public class Note
{
    private int id;
    private String title;
    private String author;
    private String content;

    public void setId(int id)
    {
        this.id = id;
    }
    public void setTitle(String title)
    {
        this.title = title;
    }
    public void setAuthor(String author)
    {
        this.author = author;
```

```
        }
        public void setContent(String content)
        {
            this. content = content;
        }

        public int getId()
        {
            return this. id;
        }
        public String getTitle()
        {
            return this. title;
        }
        public String getAuthor()
        {
            return this. author;
        }
        public String getContent()
        {
            return this. content;
        }
}
```

Person. java:用户实体类。

```
package cn. mldn. lxh. note. vo;
public class Person
{
    private String id;
    private String name;
    private String password;

    public void setId(String id)
    {
        this. id = id;
    }
    public void setName(String name)
    {
        this. name = name;
```

```
    }
    public void setPassword( String password )
    {
        this. password = password;
    }

    public String getId( )
    {
        return this. id;
    }
    public String getName( )
    {
        return this. name;
    }
    public String getPassword( )
    {
        return this. password;
    }
}
```

3. JavaBean 设计

DataBaseConnection. java:数据库链接类。

```
package cn. mldn. lxh. note. dbc;
import Java. sql. * ;

public class DataBaseConnection
{
    private String DBDRIVER   = " com. mysql. jdbc. Driver";
    private String DBURL      = " jdbc: mysql://localhost: 3306/test? useUnicode =
true&amp; characterEncoding = utf8 ";
    private String DBUSER = " root";
    private String DBPASSWORD = "123456";
    private Connection conn = null;

    public DataBaseConnection( )
    {
        try
        {
            Class. forName( DBDRIVER );
```

```
                this. conn = DriverManager. getConnection ( DBURL , DBUSER , DBPASSWORD ) ;
            }
        catch ( Exception e )
            {

            }
    }
    public Connection getConnection( )
    {
        return this. conn ;
    }
    public void close( )
    {
        try
            {
                this. conn. close( ) ;
            }
        catch ( Exception e )
            {

            }
    }
}
```

NoteDAO. java：留言 DAO 接口类。

```
package cn. mldn. lxh. note. dao ;
import Java. util. * ;
import cn. mldn. lxh. note. vo. * ;

public interface NoteDAO
{
    //增加操作
    public void insert( Note note ) throws Exception ;
    //修改操作
    public void update( Note note )  throws Exception ;
    //删除操作
    public void delete( int id ) throws Exception ;
    //按 ID 查询,主要为更新使用
    public Note queryById( int id ) throws Exception ;
    //查询全部
```

```
        public List queryAll( ) throws Exception;
        //模糊查询
        public List queryByLike( String cond) throws Exception;
}
```

NoteDAOImpl. java：留言 DAO 接口实现类。

```
package cn. mldn. lxh. note. dao. impl;

import Java. sql. * ;
import Java. util. * ;
import cn. mldn. lxh. note. vo. * ;
import cn. mldn. lxh. note. dao. * ;
import cn. mldn. lxh. note. dbc. * ;

public class NoteDAOImpl implements NoteDAO
{
    //增加操作
    public void insert( Note note) throws Exception
    {
        String sql = "INSERT INTO note( title,author,content) VALUES( ?,?,?)";
        PreparedStatement pstmt = null;
        DataBaseConnection dbc = null;
        dbc = new DataBaseConnection( );
        try
        {
            pstmt = dbc. getConnection( ). prepareStatement( sql);
            pstmt. setString( 1 ,note. getTitle( ));
            pstmt. setString( 2 ,note. getAuthor( ));
            pstmt. setString( 3 ,note. getContent( ));
            pstmt. executeUpdate( );
            pstmt. close( );
        }
        catch ( Exception e)
        {
            //System. out. println( e);
            throw new Exception( "操作中出现错误!!!" );
        }
        finally
        {
```

```java
            dbc. close( ) ;
        }
    }
    //修改操作
    public void update( Note note) throws Exception
    {
        String sql = " UPDATE note SET title = ? , author = ? , content = ? WHERE id = ? " ;
        PreparedStatement pstmt = null;
        DataBaseConnection dbc = null;
        dbc = new DataBaseConnection( ) ;
        try
        {
            pstmt = dbc. getConnection( ) . prepareStatement( sql) ;
            pstmt. setString( 1 , note. getTitle( ) ) ;
            pstmt. setString( 2 , note. getAuthor( ) ) ;
            pstmt. setString( 3 , note. getContent( ) ) ;
            pstmt. setInt( 4 , note. getId( ) ) ;
            pstmt. executeUpdate( ) ;
            pstmt. close( ) ;
        }
        catch ( Exception e)
        {
            throw new Exception( "操作中出现错误! ! ! " ) ;
        }
        finally
        {
            dbc. close( ) ;
        }
    }
    //删除操作
    public void delete( int id) throws Exception
    {
        String sql = " DELETE FROM note WHERE id = ? " ;
        PreparedStatement pstmt = null;
        DataBaseConnection dbc = null;
        dbc = new DataBaseConnection( ) ;
        try
        {
```

```
            pstmt = dbc. getConnection( ). prepareStatement( sql) ;
            pstmt. setInt( 1 ,id) ;
            pstmt. executeUpdate( ) ;
            pstmt. close( ) ;
        }
    catch (Exception e)
        {
            throw new Exception( "操作中出现错误!!!" ) ;
        }
    finally
        {
            dbc. close( ) ;
        }
    }
//按 ID 查询,主要为更新使用
public Note queryById( int id) throws Exception
    {
    Note note = null;
    String sql = "SELECT id ,title ,author ,content FROM note WHERE id = ?" ;
    PreparedStatement pstmt = null;
    DataBaseConnection dbc = null;
    dbc = new DataBaseConnection( ) ;
    try
        {
            pstmt = dbc. getConnection( ). prepareStatement( sql) ;
            pstmt. setInt( 1 ,id) ;
            ResultSet rs = pstmt. executeQuery( ) ;
            if( rs. next( ) )
                {
                    note = new Note( ) ;
                    note. setId( rs. getInt( 1 ) ) ;
                    note. setTitle( rs. getString( 2 ) ) ;
                    note. setAuthor( rs. getString( 3 ) ) ;
                    note. setContent( rs. getString( 4 ) ) ;
                }
            rs. close( ) ;
            pstmt. close( ) ;
        }
```

```
        catch （Exception e）
        {
            throw new Exception（"操作中出现错误！！！"）；
        }
        finally
        {
            dbc. close（ ）；
        }
        return note；
    }
//查询全部
public List queryAll（ ） throws Exception
{
    List all = new ArrayList（ ）；
    String sql = "SELECT id，title，author，content FROM note"；
    PreparedStatement pstmt = null；
    DataBaseConnection dbc = null；
    dbc = new DataBaseConnection（ ）；
    try
    {
        pstmt = dbc. getConnection（ ）. prepareStatement（sql）；
        ResultSet rs = pstmt. executeQuery（ ）；
        while（rs. next（ ））
        {
            Note note = new Note（ ）；
            note. setId（rs. getInt（1））；
            note. setTitle（rs. getString（2））；
            note. setAuthor（rs. getString（3））；
            note. setContent（rs. getString（4））；
            all. add（note）；
        }
        rs. close（ ）；
        pstmt. close（ ）；
    }
    catch （Exception e）
    {
        System. out. println（e）；
        throw new Exception（"操作中出现错误！！！"）；
```

```
        }
        finally
        {
            dbc. close( ) ;
        }
        return all;
    }
    //模糊查询
    public List queryByLike( String cond) throws Exception
    {
        List all = new ArrayList( ) ;
        String sql = "SELECT id, title, author, content FROM note WHERE title LIKE ? or
AUTHOR LIKE ? or CONTENT LIKE ?" ;
        PreparedStatement pstmt = null;
        DataBaseConnection dbc = null;
        dbc = new DataBaseConnection( ) ;
        try
        {
            pstmt = dbc. getConnection( ) . prepareStatement( sql) ;
            pstmt. setString( 1 , "%" + cond + "%" ) ;
            pstmt. setString( 2 , "%" + cond + "%" ) ;
            pstmt. setString( 3 , "%" + cond + "%" ) ;
            ResultSet rs = pstmt. executeQuery( ) ;
            while( rs. next( ) )
            {
                Note note = new Note( ) ;
                note. setId( rs. getInt( 1 ) ) ;
                note. setTitle( rs. getString( 2 ) ) ;
                note. setAuthor( rs. getString( 3 ) ) ;
                note. setContent( rs. getString( 4 ) ) ;
                all. add( note) ;
            }
            rs. close( ) ;
            pstmt. close( ) ;
        }
        catch ( Exception e)
        {
            System. out. println( e) ;
```

```
                throw new Exception("操作中出现错误!!!");
            }
            finally
            {
                dbc.close();
            }
            return all;
        }
    }
```

PersonDAO.java:用户 DAO 接口类。

```
package cn.mldn.lxh.note.dao;
import cn.mldn.lxh.note.vo.*;
public interface PersonDAO
{
    //登录验证
    public boolean login(Person person) throws Exception;
}
```

PersonDAOImpl.java:用户 DAO 接口实现类。

```
package cn.mldn.lxh.note.dao.impl;
import Java.sql.*;
import cn.mldn.lxh.note.vo.*;
import cn.mldn.lxh.note.dbc.*;
import cn.mldn.lxh.note.dao.*;

public class PersonDAOImpl implements PersonDAO
{
    /*
        功能:
            1.判断是否是正确的用户名或密码
            2.从数据库中取出用户的真实姓名
    */
    public boolean login(Person person) throws Exception
    {
        boolean flag = false;
        String sql = "SELECT name FROM person WHERE id = ? and password = ?";
        PreparedStatement pstmt = null;
        DataBaseConnection dbc = null;
```

```
            dbc = new DataBaseConnection( ) ;
            try
            {
                pstmt = dbc. getConnection( ) . prepareStatement( sql) ;
                pstmt. setString( 1 ,person. getId( ) ) ;
                pstmt. setString( 2 ,person. getPassword( ) ) ;
                ResultSet rs = pstmt. executeQuery( ) ;
                if( rs. next( ) )
                {
                    flag = true;
                    person. setName( rs. getString( 1 ) ) ;
                }
                rs. close( ) ;
                pstmt. close( ) ;
            }
            catch ( Exception e)
            {
                throw new Exception( "操作出现错误!!!" ) ;
            }
            finally
            {
                dbc. close( ) ;
            }

            return flag;
        }
}
```

DAOFactory. java:抽象工厂类。

```
package cn. mldn. lxh. note. factory;

import cn. mldn. lxh. note. dao. * ;
import cn. mldn. lxh. note. dao. impl. * ;

public class DAOFactory
{
    public static PersonDAO getPersonDAOInstance( )
    {
        return new PersonDAOImpl( ) ;
```

```
    }

    public static NoteDAO getNoteDAOInstance( )
    {
        return new NoteDAOImpl( );
    }
}
```

4. Servlet 设计

LoginServlet. java:登录 Servlet。

```
package cn. mldn. lxh. note. Servlet;
import Java. io. * ;
import Javax. Servlet. * ;
import Javax. Servlet. http. * ;
import cn. mldn. lxh. note. vo. * ;
import cn. mldn. lxh. note. factory. * ;

public class LoginServlet extends HttpServlet
{
    private static final long serialVersionUID = 1L;
    public void doGet ( HttpServletRequest request, HttpServletResponse response) throws
IOException, ServletException
    {
        this. doPost( request, response) ;
    }

    public void doPost ( HttpServletRequest request, HttpServletResponse response) throws
IOException, ServletException
    {
        String path = "login. jsp" ;
        //1. 接收传递的参数
        String id = request. getParameter( "id" ) ;
        String password = request. getParameter( "password" ) ;
        System. out. print( id) ;
        //2. 将请求的内容赋值给 VO 类
        Person person = new Person( ) ;
        person. setId( id) ;
        person. setPassword( password) ;
```

```
        try
        {
            //进行数据库验证
            if( DAOFactory. getPersonDAOInstance( ). login( person) )
            {
                //如果为真,则表示用户 ID 和密码合法
                //设置用户姓名到 session 范围之中
                request. getSession( ). setAttribute( "uname" ,person. getName( ) );
                //修改跳转路径
                path = "login_success. jsp" ;
            }
            else
            {
                //登录失败
                //设置错误信息
                request. setAttribute( "err" ,"错误的用户 ID 及密码!!!" );
            }
        }
        catch( Exception e)
        {}
        //进行跳转
        request. getRequestDispatcher( path). forward( request ,response) ;
    }
}
```

NoteServlet. java:留言相关操作的 Servlet。

```
package cn. mldn. lxh. note. Servlet;
import Java. io. * ;
import Javax. Servlet. * ;
import Javax. Servlet. http. * ;
import cn. mldn. lxh. note. factory. * ;
import cn. mldn. lxh. note. vo. * ;

public class NoteServlet extends HttpServlet
{
    private static final long serialVersionUID = 1L;
    public void doGet( HttpServletRequest request, HttpServletResponse response) throws
IOException ,ServletException
```

```java
        {
            this.doPost(request,response);
        }
    public void doPost(HttpServletRequest request,HttpServletResponse response) throws
IOException,ServletException
    {
            request.setCharacterEncoding("utf8");
            String path = "errors.jsp";
            //接收要操作的参数值
            String status = request.getParameter("status");
            if(status! = null)
            {
                //参数有内容,之后选择合适的方法
                //查询全部操作
                if("selectall".equals(status))
                {
                    try
                    {

request.setAttribute("all",DAOFactory.getNoteDAOInstance().queryAll());
                    }
                    catch (Exception e)
                    {
                    }
                    path = "list_notes.jsp";
                }
                //插入操作
                if("insert".equals(status))
                {
                    //1.接收插入的信息
                    String title = request.getParameter("title");
                    String author = request.getParameter("author");
                    String content = request.getParameter("content");
                    //2.实例化 VO 对象
                    Note note = new Note();
                    note.setTitle(title);
                    note.setAuthor(author);
                    note.setContent(content);
```

```java
//3.调用 DAO 完成数据库的插入操作
boolean flag = false;
try
{
    DAOFactory.getNoteDAOInstance().insert(note);
    flag = true;
}
catch (Exception e)
{}
request.setAttribute("flag",new Boolean(flag));
path = "insert_do.jsp";
}
//按 ID 查询操作,修改之前需要将数据先查询出来
if("selectid".equals(status))
{
    //接收参数
    int id = 0;
    try
    {
        id = Integer.parseInt(request.getParameter("id"));
    }
    catch(Exception e)
    {}
    try
    {

request.setAttribute("note",DAOFactory.getNoteDAOInstance().queryById(id));
    }
    catch (Exception e)
    {
    }
    path = "update.jsp";
}
//更新操作
if("update".equals(status))
{
    int id = 0;
    try
```

```
            {
                id = Integer. parseInt( request. getParameter( "id" ) ) ;
            }
            catch( Exception e)
            {}
            String title = request. getParameter( "title" ) ;
            String author = request. getParameter( "author" ) ;
            String content = request. getParameter( "content" ) ;
            Note note = new Note( ) ;
            note. setId( id ) ;
            note. setTitle( title ) ;
            note. setAuthor( author ) ;
            note. setContent( content ) ;
            boolean flag = false ;
            try
            {
                DAOFactory. getNoteDAOInstance( ). update( note ) ;
                flag = true ;
            }
            catch ( Exception e)
            {}
            request. setAttribute( "flag" , new Boolean( flag) ) ;
            path = "update_do. jsp" ;
        }
        //模糊查询
        if( "selectbylike". equals( status) )
        {
            String keyword = request. getParameter( "keyword" ) ;
            try
            {
    request. setAttribute ( " all" , DAOFactory. getNoteDAOInstance ( ). queryByLike ( key-
word) ) ;
            }
            catch ( Exception e)
            {
            }
            path = "list_notes. jsp" ;
        }
```

```
                  //删除操作
            if("delete".equals(status))
            {
                  //接收参数
                  int id = 0;
                  try
                  {
                      id = Integer.parseInt(request.getParameter("id"));
                  }
                  catch(Exception e)
                  {}
                  boolean flag = false;
                  try
                  {
                      DAOFactory.getNoteDAOInstance().delete(id);
                      flag = true;
                  }
                  catch (Exception e)
                  {}
                  request.setAttribute("flag",new Boolean(flag));
                  path = "delete_do.jsp";
            }
      }
      else{//则表示无参数,非法的客户请求}
      request.getRequestDispatcher(path).forward(request,response);
   }
}
```

【要点小结】

使用数据访问对象(Data Access Object,DAO)模式来抽象和封装所有对数据源的访问。DAO 管理着与数据源的连接以便检索和存储数据。DAO 模式很好地实现了 MVC 模式。

对于一个特定的 DAO,需要建立与多种不同数据源的映射关系,为了更加方便地实现移植,通过"DAO + 抽象工厂"模式,DAO 模式可以达到很高的灵活度。

【课外拓展】

1. "DAO + 抽象工厂"模式的应用范围或领域(什么样的软件经常会用"DAO + 抽象工厂"模式)?

2. 完成用户相关操作的 Servlet,利用 DAO 模式完成前台用户注册和后台用户管理功能。

项目七　文件上传、在线编辑器组件的使用

任务1　书籍图片上传

【**任务目标**】

1. 熟悉 JSP 的 SmartUpload 组件的原理
2. 掌握 JSPSmartUpload 组件的使用方法

【**任务描述**】

熟练使用 JSPSmartUpload 组件完成书籍图片上传功能和文件下载功能。

【**理论知识**】

在编写 Web 开发的应用时,尤其对于网站的后台来说,文件的上传与下载功能是必不可少的。对于下载文件来说,在技术上是比较好实现的,只要在下载的位置上加入超链接,链接地址为下载的资源名即可,如 http://localhost:8001/myweb/music01.mp3。而对于文件上传的功能,稍显复杂,虽然可以通过自己编写程序来实现,但是比较方便的操作是直接使用互联网上的免费组件,比如 JSPSmartUpload 的上传/下载组件。

1. 网站中如何存储用户提交的图片

网站系统中,一般图片是用上传的方式存放在服务器上项目所在目录的某个文件夹下,而数据库中则存放该图片的图片名。由于存放的路径是开发者自行设定的,在网页上显示就比较容易实现,只要"固定路径 + 数据库中的文件名"即可。

2. JSPSmartUpload 组件

(1)JSPSmartUpload 组件的特点

JSPSmartUpload 是由 www.jspsmart.com 网站开发的一个可免费使用的全功能的文件上传下载组件,适于嵌入执行上传下载操作的 JSP 文件中。该组件有以下几个特点:

①使用简单。在 JSP 文件中仅仅书写三五行 Java 代码就可以搞定文件的上传或下载,非常方便。

②能全程控制上传。利用 JSPSmartUpload 组件提供的对象及其操作方法,可以获得全部上传文件的信息(包括文件名、大小、类型、扩展名、文件数据等),方便存取。

③能对上传的文件在大小、类型等方面做出限制。如此可以滤掉不符合要求的文件。

④下载灵活。仅写两行代码,就能把 Web 服务器变成文件服务器。不管文件在 Web

服务器的目录下或在其他任何目录下,都可以利用 JSPSmartUpload 进行下载。

⑤能将文件上传到数据库中,也能将数据库中的数据下载下来。这种功能针对的是 MySQL 数据库。

(2) JSPSmartUpload 组件中常用类

①File 类

这个类对一个上传文件的所有信息进行了包装,可以通过它得到上传文件的文件名、文件大小、扩展名、文件数据等信息。常用方法:

方法名称	描述
public void saveAs(java. lang. String destFilePathName) 或 public void saveAs(java. lang. String destFilePathName, int optionSaveAs)	将文件换名另存
public boolean isMissing()	判断用户是否选择了文件,也即对应的表单项是否有值。选择了文件时,它返回 false。未选文件时,它返回 true
public String getFieldName()	取 HTML 表单中对应于此上传文件的表单项的名字
public String getFileName()	取文件名(不含目录信息)
public String getFilePathName	取文件全名(带目录)
public int getSize()	取文件长度(以字节计)
public String getFileExt()	取文件扩展名(后缀)
public byte getBinaryData(int index),其中 index 表示位移,其值在 0 到 getSize() - 1 之间。	取文件数据中指定位移处的一个字节,用于检测文件等

public void saveAs(java. lang. String destFilePathName, int optionSaveAs)的补充说明:

其中,destFilePathName 是另存的文件名,optionSaveAs 是另存的选项,该选项有三个值,分别是 SAVEAS_PHYSICAL,SAVEAS_VIRTUAL,SAVEAS_AUTO。SAVEAS_PHYSICAL 表明以操作系统的根目录为文件根目录另存文件,SAVEAS_VIRTUAL 表明以 Web 应用程序的根目录为文件根目录另存文件,SAVEAS_AUTO 则表示让组件决定,当 Web 应用程序的根目录存在另存文件的目录时,它会选择 SAVEAS_VIRTUAL,否则会选择 SAVEAS_PHYSICAL。

例如,saveAs("/upload/sample. zip",SAVEAS_PHYSICAL)执行后,若 Web 服务器安装在 C 盘,则另存的文件名实际是 c:\upload\sample. zip。而 saveAs("/upload/sample. zip",SAVEAS_VIRTUAL)执行后,若 Web 应用程序的根目录是 webapps/jspsmartupload,则另存的文件名实际是 webapps/jspsmartupload/upload/sample. zip。

saveAs("/upload/sample. zip",SAVEAS_AUTO)执行时,若 Web 应用程序根目录下存在 upload 目录,则其效果同 saveAs("/upload/sample. zip",SAVEAS_VIRTUAL),否则同 saveAs("/upload/sample. zip",SAVEAS_PHYSICAL)。

建议:对于 Web 程序的开发来说,最好使用 SAVEAS_VIRTUAL,以便移植。

②Files 类

这个类表示所有上传文件的集合,通过它可以得到上传文件的数目、大小等信息。常用方法:

方法名称	描述
public int getCount( )	取得上传文件的数目
public File getFile(int index),其中,index 为指定位移,其值在 0 到 getCount( ) – 1 之间	取得指定位移处的文件对象 File(这是 com. jspsmart. upload. File,不是 Java. io. File,注意区分)
public long getSize( )	取得上传文件的总长度,可用于限制一次性上传的数据量大小
public Collection getCollection( )	将所有上传文件对象以 Collection 的形式返回,以便其他应用程序引用,浏览上传文件信息
public Enumeration getEnumeration( )	将所有上传文件对象以 Enumeration(枚举)的形式返回,以便其他应用程序浏览上传文件信息

③Request 类

这个类的功能等同于 JSP 内置的对象 request。之所以提供这个类,是因为对于文件上传表单,通过 request 对象无法获得表单项的值,必须通过 JSPSmartUpload 组件提供的 Request对象来获取。该类提供如下方法:

方法名称	描述
public String getParameter(String name),其中,name 为参数的名字	获取指定参数之值。当参数不存在时,返回值为 null
public String[ ]getParameterValues(String name),其中,name 为参数的名字	当一个参数可以有多个值时,用此方法来取其值。它返回的是一个字符串数组。当参数不存在时,返回值为 null
public Enumeration getParameterNames( )	取得 Request 对象中所有参数的名字,用于遍历所有参数。它返回的是一个枚举型的对象

④SmartUpload 类

这个类完成上传下载工作。

(a)上传与下载共用的方法

原型有多个,主要使用:public final void initialize(javax. Servlet. jsp. PageContext pageContext),其中,pageContext 为 JSP 页面内置对象(页面上下文)。

作用:执行上传下载的初始化工作,必须第一个执行。

（b）上传文件使用的方法

方法名称	描述
public void upload( )	上传文件数据。对于上传操作，第一步执行 initialize 方法，第二步就要执行这个方法
public int save（String desPathName）和 public int save（String destPathName, int option）	将全部上传文件保存到指定目录下，并返回保存的文件个数
public int getSize( )	取上传文件数据的总长度
public Files getFiles( )	取全部上传文件，以 Files 对象形式返回，可以利用 Files 类的操作方法来获得上传文件的数目等信息
public Request getRequest( )	取得 Request 对象，以便由此对象获得上传表单参数之值
public Void setAll FilesList（String allowedFilesList）	设定允许上传带有指定扩展名的文件，当上传过程中有文件名不允许时，组件将抛出异常
public void setDeniedFilesList（String deniedFilesList）	用于限制上传那些带有指定扩展名的文件。若有文件扩展名被限制，则上传时组件将抛出异常
public void setMaxFileSize（long maxFileSize），其中，maxFileSize 为每个文件允许上传的最大长度，当文件超出此长度时，将不被上传	设定每个文件允许上传的最大长度
public void setTotalMaxFileSize（long totalMaxFileSize），其中，totalMaxFileSize 为允许上传的文件的总长度。	设定允许上传的文件的总长度，用于限制一次性上传的数据量大小

• public int save（String destPathName）和 public int save（String destPathName, int option）补充说明：

其中，destPathName 为文件保存目录，option 为保存选项，它有三个值，分别是 SAVE_PHYSICAL，SAVE_VIRTUAL 和 SAVE_AUTO（同 File 类的 saveAs 方法的选项之值类似）。SAVE_PHYSICAL 指示组件将文件保存到以操作系统根目录为文件根目录的目录下，SAVE_VIRTUAL 指示组件将文件保存到以 Web 应用程序根目录为文件根目录的目录下，而 SAVE_AUTO 则表示由组件自动选择。

注：save（destPathName）作用等同于 save（destPathName, SAVE_AUTO）。

• public void setAllowedFilesList（String allowedFilesList）补充说明：

其中，allowedFilesList 为允许上传的文件扩展名列表，各个扩展名之间以逗号分隔。如果想允许上传那些没有扩展名的文件，可以用两个逗号表示。例如：setAllowedFilesList（"doc,txt,,"）将允许上传带 doc 和 txt 扩展名的文件以及没有扩展名的文件。

• public void setDeniedFilesList（String deniedFilesList）补充说明：

其中，deniedFilesList 为禁止上传的文件扩展名列表，各个扩展名之间以逗号分隔。如果想禁止上传那些没有扩展名的文件，可以用两个逗号来表示。例如：setDeniedFilesList（"exe,bat,,"）将禁止上传带 exe 和 bat 扩展名的文件以及没有扩展名的文件。

（c）下载文件常用的方法

• public void setContentDisposition（String contentDisposition）补充说明：

将数据追加到 MIME 文件头的 CONTENT-DISPOSITION 域。JSPSmartUpload 组件会在

返回下载的信息时自动填写 MIME 文件头的 CONTENT-DISPOSITION 域,如果用户需要添加额外信息,请用此方法。

其中,contentDisposition 为要添加的数据。如果 contentDisposition 为 null,则组件将自动添加"attachment;",以表明将下载的文件作为附件,结果是 IE 浏览器将会提示另存文件,而不是自动打开这个文件(IE 浏览器一般根据下载的文件扩展名决定执行什么操作,扩展名为 doc 的将用 Word 程序打开,扩展名为 pdf 的将用 Acrobat 程序打开,等等)。

- 下载文件,有三个方法。

方法一:public void downloadFile(String sourceFilePathName)

sourceFilePathName 为要下载的文件名(带目录的文件全名)。

方法二:public void downloadFile(String sourceFilePathName,String contentType)

其中,sourceFilePathName 为要下载的文件名(带目录的文件全名),contentType 为内容类型(MIME 格式的文件类型信息,可被浏览器识别)。

方法三:public void downloadFile(String sourceFilePathName, String contentType, String destFileName)

其中,sourceFilePathName 为要下载的文件名(带目录的文件全名),contentType 为内容类型(MIME 格式的文件类型信息,可被浏览器识别),destFileName 为下载后默认的另存文件名。

⑤文件上传表单要求

对于上传文件的 FORM 表单,有两个要求:

(a)METHOD 应用 POST,即 METHOD = "POST"。

(b)增加属性:ENCTYPE = "multipart/form-data",如:

```
<FORM METHOD = "POST" ENCTYPE = "multipart/form-data" ACTION = "upload.jsp">
```

【实训演示】

1.首先将上传组件导入到项目中。项目名称右键 Build Path→Add External Archives,如图 7.1 所示。

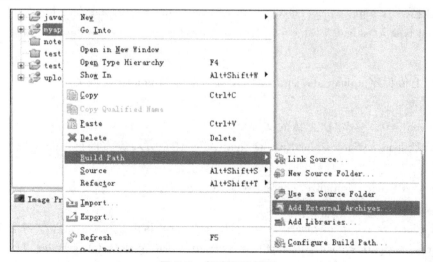

图 7.1　新建项目界面

选择下载的组件,打开,即完成了组件的导入。如图 7.2 所示。

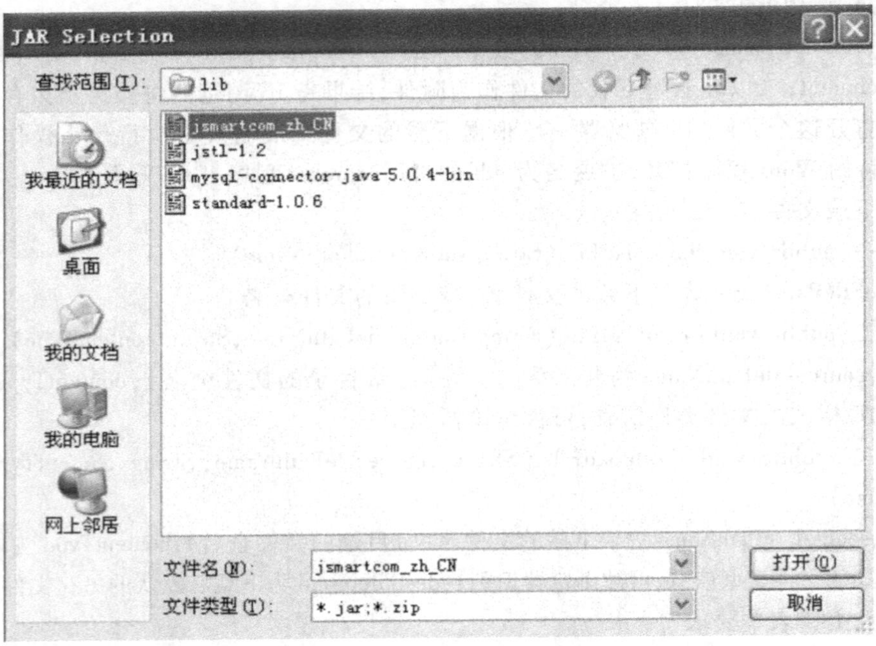

图 7.2　组件的导入界面

2. 编写上传表单。

新建 JSP 页面,表单代码如下:

```
< form action = "upload_do. jsp" method = "post" enctype = "multipart/form-data" >
< p >文件名称: < input type = "file" name = "file1" size = "20" maxlength = "80" > </p >
< p >文件名称: < input type = "file" name = "file2" size = "20" maxlength = "80" > </p >
< p >文件名称: < input type = "file" name = "file3" size = "20" maxlength = "80" > </p >
< p >附加内容: < input type = "text" name = "other" size = "30" maxlength = "50" > </p >
< p > < input type = "submit" value = "上传" > < input type = "reset" value = "重置" > </p >
</form >
```

3. 编写上传程序 upload_do. jsp。程序设置为上传到 upload 文件夹中。

```
< %
  int count = 0;   //本次上传的文件个数
  SmartUpload mySmartUpload = new SmartUpload( );   //类实例化一个对象
  try{
    mySmartUpload. initialize( config, request, response );   //初始化
    mySmartUpload. upload( );
    for ( int i = 0; i < mySmartUpload. getFiles( ). getCount( ); i + + ){//多个文件
      com. jspsmart. upload. File myfile = mySmartUpload. getFiles( ). getFile( i );
      count = mySmartUpload. save( "/upload" );//将文件上传到应用的 upload 文件夹
```

```
        String fileName = myfile. getFileName( );//获取文件名
    }
    //表单中除上传文件外,其他内容的获取方法
    out. println("附加内容 = " + mySmartUpload. getRequest( ). getParameter( "other" ) );
    }catch (Exception e){
        out. println("Unable to upload the file. <br>" );
    }
% >
```

注意:由于本程序是将文件上传到应用的 upload 文件夹,因此,项目发布后,需要在应用下手工建一个 upload 文件用以存放上传的文件。

4. 文件下载的实现。

本例中下载的文件存放在应用的 upload 文件夹下,输入文件名,即完成下载保存到用户指定的本地文件夹这个功能。

(1)编写输入下载文件名的表单。

```
< form action = "download_do. jsp" method = "post"    >
< p >下载文件的名称: < input type = "text" name = "downloadFileName" size = "20"
maxlength = "80" > </p >
< input type = "submit" value = "下载" >
</form >
```

(2)编写 download_do. jsp。

```
<%@ page contentType = "text/html; charset = gb2312" language = "Java" import = "
com. jspsmart. upload. SmartUpload" % >
<%
String temp_p = request. getParameter( "downloadFileName" );   //获取下载的文件名
String fileName = "";
if(temp_p! = null||! temp_p. equals("")){    //若文件名不为空
   fileName = new String( temp_p. getBytes( "ISO-8859-1" ),"GB2312" );
                                          //文件名汉字转换
}
   SmartUpload mySmartUpload = new SmartUpload();   //实例化对象
   try{
   mySmartUpload. initialize( config, request, response );//初始化
   mySmartUpload. setContentDisposition( null );
   mySmartUpload. downloadFile( "/upload/" + fileName );
                                          //下载 upload 文件夹下的文件
   }catch (Exception e){
```

```
        e. printStackTrace( );
    }
% >
```

【要点小结】

　　1. 利用 JSPSmartUpload 组件可以完成文件上传和下载功能。

　　2. 一般文件都上传到指定的文件夹中,因此,数据库中只需要增加若干个文本字段(若一次上传多个文件),用来保存文件名即可,无须保存文件所在的路径信息。

【课外拓展】

　　1. 改造新增书籍功能,增加上传书籍封面图片功能,并在首页显示封面图片功能。

　　2. 增加下载电子书功能。

任务 2　使用在线编辑器编辑书籍简介

【任务目标】

　　掌握 eWebEditor 组件的使用方法。

【任务描述】

　　能用 eWebEditor 组件完成书籍简介的文字编辑。

【理论知识】

　　对于动态网页而言,由于文字是动态输入的,如何对输入的文字进行格式上的编辑是很多网站客户提出的功能需求。我们可以 Dreamwever 等编辑软件对大段的文字进行排版和格式的修饰,但对一般用户而言,就需要提供一种简单方便的类似 Word 那样的编辑软件,才能轻松地完成对文字的格式编排。

　　eWebEditor 是基于网页的、所见即所得的在线 HTML 编辑器,能够在网页上实现许多桌面编辑软件(如 Word)所具有的强大可视编辑功能。

　　1. 在线编辑器的特点

　　(1)所见即所得

　　即通过编辑器编辑的文字、图片等 HTML 标记输出到页面的效果和编辑时显示的效果一致,让使用者方便地对编辑的内容进行修改、排版等。

　　(2)自动转换为 HTML 代码

　　在编辑状态编辑的文字、图片等内容都在后台自动转换为可被浏览器识别的 HTML 标记语言,使用者更能在代码状态对代码标记进行修改。

　　(3)简单易用

　　编辑器的编辑及使用方法与 FrontPage、Dreamweaver 等著名主页制作软件类似。无须任何 HTML 语法知识、傻瓜式的操作让即使没有主页制作经验的使用者也能快速上手。

（4）方便快捷

使用所见即所得的编辑器能快捷、方便地编辑出一流的图文效果,如果使用纯手工编写代码的方法编辑则需要浪费大量时间及精力。

2. 常用的在线编辑器

常用的在线编辑器有 FCKeditor、eWebEditor 等。FCKeditor 可以到 http://www. fckeditor. net 下载使用。eWebEditor 可以到 www. ewebsoft. com 下载使用。

【实训演示】

1. eWebEditor 的安装

直接把压缩目录中的 buttonimage、css、dialog、include、sysimage 文件夹以及 eWebEditor. jsp 和 upload. jsp 拷贝到网站发布目录下,将压缩目录中的 WEB-INF 目录下的 Button. xml 和 Style. xml 文件拷贝到网站的 WEB-INF 目录下,将压缩目录中的 WEB-INF\classes 下的 com 文件夹和 net 文件夹拷贝到网站的 WEB-INF\classes 目录下,重新启动服务器。

若界面需要修改,一般只修改 WEB-INF 目录下面的 Style. xml 和 Button. xml 就可以了。

上传图片路径设置,注意路径要由 ROOT 开始修改三处：

（1）修改 WEB-INF/Style. xml 文件对应处：< suploaddir >/UploadFile/ </suploaddir >;

（2）修改 eWebEditor. jsp 文件对应处；

（3）修改 upload. jsp 文件对应处。

例如要将图片传到网站根目录的 www/images/upload/下面：

upload. jsp 中：String sUploadFilePath = "/www/images/upload/";
Style. xml 中：< suploaddir >/www/images/upload/ </suploaddir >
eWebEditor. jsp 中：String sUploadFilePath = "/www/images/upload/"

2. 演示

http://localhost:8080/eweb/运行效果如图 7.3 所示。

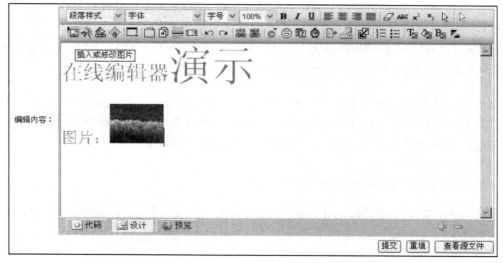

图 7.3 运行效果

所见即所得的在线编辑器界面主要分为以下三大部分：

（1）菜单栏

编辑器顶部为菜单栏，主要放置各种编辑功能的选项及按钮图标，使用者只需点击图标或选择相关选项即可实时对编辑栏编辑的内容进行添加或修改、修饰。

（2）编辑栏

编辑器中部空白处为编辑栏，主要是供使用者输入及编辑内容所用，同时所编辑的内容全部都是所见即所得，但有部分内容，如活动的图像、文字、电影等在编辑状态下只会呈现静止状态，需使用者转换到预览状态方可真实再现。

（3）状态栏

编辑器底部为状态栏，主要放置转换编辑器状态的按钮图标。状态共分为：代码状态、编辑状态（默认）、预览状态。

提交后的效果：

以上网页效果的代码为：

```
< P > < FONT size = 7 > < FONT color = #112c99 size = 5 >在线编辑器 < /FONT >
< FONT color = #e61a1a >演示 < /FONT > < /FONT > < /P >
    < P > < FONT color = #30a913 size = 4 >图片：< IMG height = 60 src = " http://localhost：
8080/eweb/UploadFile/img/2011020601110831.jpg" width = 80 > < /FONT > < /P >
```

文中图片已经上传到应用项目所在目录的 UploadFile/img 文件夹下，图片名系统自动设置。我们只要将以上这段代码保存到数据库中，再从数据库中取出在 IE 中浏览时，网页显示的就是当初编辑的效果，实现了在线编辑器所见即所得这个功能。

3. 核心代码

在需要使用编辑器的表单中加入以下代码：

```
< IFRAME ID = " eWebEditor1" src = " eWebEditor. jsp？ id = content1&style = standard"
frameborder = "0" scrolling = "no" width = "650" height = "350" > < /IFRAME >
```

其中，eWebEditor. jsp 为组件压缩包中提供。

表单提交后，通过以下代码获取编辑器中的那段代码，将其保存到数据库中即可。

String sContent = new String(request. getParameter("content1"). getBytes("iso-8859-1"));
//获取代码

很多时候项目部署后,Tomcat 下的文件夹名字未必就是应用项目名,因此最好将文本信息中的路径改为相对路径,否则文中图片将无法显示。需要对得到的编辑内容 sContent 再进行如下改造:

String a = request. getContextPath( );//取得应用的名字, 如/bookonline
//替换 sContent 中的应用路径名,例如将'/bookonline'变成'..'
if (a! = null&&! a. equals("")) {sContent = sContent. replaceAll(a, "..");}
sContent = sContent. replaceAll(""","'");
//得到不含应用名的编辑器文本信息,再存到数据库中,以保证任何时候图片都能正常显示

【要点小结】

在线编辑器的工作原理就是将网页 HTML 代码连同文本字符一起保存起来,达到网页修饰的作用。编辑文本中的图片利用 JSPSmartUpload 组件完成。

在线编辑器是免费的组件,常用的有 FCKeditor、eWebEditor 等,下载后可以在项目中使用,增加文字编辑功能和显示效果,其较多应用在新闻信息、产品介绍等内容的编辑上。

【课外拓展】

利用 eWebEditor 完成书籍内容介绍的编辑功能,如设置文字内容的字体、大小、颜色以及在介绍中插入若干图片等。

项目八 **JSP 标准标签库的使用**

任务1　使用常用的 JSTL 标记改造 JSP 页面

【任务目标】

1. 熟悉 JSP 的 taglib 指令的用法。
2. 了解表达式语言 EL 的语法、JSTL 的含义。
3. 熟悉 JSTL 中的 core 库、sql 库的用法。

【任务描述】

熟悉 c:forEach, c:if, c:out, sql:setDataSource, sql:query 等标记的用法。

【理论知识】

在动态网页 JSP 中,经常会出现大量的 Java 代码,这些代码包含在" <% "和"% >"之间,由于页面本身还有静态 HTML 标记,因此动态和静态的代码混合在一起,给我们开发和调试带来不便,怎样尽可能地减少动态代码? JSTL 标签库可以在一定程度上减少页面中的 Java 代码,使代码变得更简洁,有利于提高可阅读性,也更便于维护。

1. JSTL 标签库

（1）基本概念

JSP 标准标记库(JSP Standard Tag Library,JSTL)是一个实现 Web 应用程序中常见的通用功能的定制标记库集,这些功能包括迭代和条件判断、数据管理格式化、XML 操作及数据库访问等。

这些标记库实现了大量服务器端 Java 应用程序常用的基本功能,大大提高了 Web 应用程序的开发效率,同时也提高了 Web 应用程序的可阅读性和可维护性。

目前最新的 JSTL 版本为 1.2,必须在支持 Servlet/JSP2.0 的容器(如 Tomcat 6.x)中才能运行,只要将 jstl.jar 和 standard.jar 复制到自己 Web 应用程序的 WEB-INF/lib 目录下便可使用 JSTL 了。

JSTL 标签库实际上包含 5 个不同功能的标签库:核心标签库 core、访问关系数据库的 SQL、编写国际化 Web 应用的 I18N、对 XML 文档进行操作的 xml、包含了一组通用的 EL 函数的 functions。

（2）EL 简介

EL（Expression Language）即表达式语言是 JSP2.0 的一个主要的组件,在 JSTL 中被广泛使用。EL 使用十分方便,语法也很简单,已成为标准规范之一。

把传统的 JSP 代码段与 EL 表达式做一个比较:

传统的 JSP 代码段	EL 表达式
< % = request. getParameter("name")% >	\${param. name} 或者\${param["name"]}

从这里可以看出,EL 是以"\${"开始,"}"结束的,通过"."或"[ ]"来存取数据,例如 \${param. name}或者\${param["name"]}就表示读取请求参数 name 的值。

①EL 运算符

运算符类别	运算符
算术运算符	+、-、×、/(或 div)、%(或 mod)
关系运算符	=(或 eq)、! =(或 ne)、<(或 lt)、>(或 gt)、< =(或 le)、> =(或 ge)
逻辑运算符	&&(或 and)、||(或 or)、!（或 not）
判空运算符	empty

②EL 隐含对象

类别	隐含对象	描述
JSP 页面	pageContent	代表此 JSP 页面的 pageContent 对象
作用范围	pageScope	用于读取 page 范围内的属性值
	requestScope	用于读取 request 范围内的属性值
	sessionScope	用于读取 session 范围内的属性值
	applicationScope	用于读取 application 范围内的属性值
请求参数	param	用于读取请求参数中的参数值, 等同 JSP 中的 request. getParameter(String name)
	paramValues	用于读取请求参数中的参数值数组, 等同 JSP 中的 request. getParameterValues(String name)
请求头	header	用户读取指定请求头的值, 等同 JSP 中的 request. getHeader (String name)
	headerValues	用户读取指定请求头的值数组, 等同 JSP 中的 request. getHeaders (String name)
Cookie	cookie	用于取得 request 中的 cookie 集, 等同 JSP 中的 request. getCookies ( )
初始化参数	initParam	用于取得 Web 应用程序上下文初始化参数值, 用户读取指定请求头的值, 等同 JSP 中的 application. getInitParameter(String name)

（3）核心标签库

核心标签库(core)主要为基本输入输出、流程控制、迭代操作和 URL 操作提供了定制标签。这些标签不仅可以由页面设计人员直接使用,而且还为与其他 JSTL 库相结合从而提供更复杂的表示逻辑奠定了基础。

凡是要用到核心标签库的 JSP 页面,均要使用 < % @ taglib % > 指令设定 prefix 和 uri 的值。例如:

```
< % @  taglib prefix = " c"  uri = " http://Java. sun. com/jsp/core" % >
```

下面介绍核心标签库中的最常用的几个标签。

① < c:set > 标签

功能描述:用于在 JSP 页面中保存数据。

语法格式 1:将 value 的值储存到指定范围的变量中。

```
<c:set value=" value"  var=" varName"
[scope="  {page|request|session|application}" ] />
                        需要保存的值        变量名
        变量的作用范围
```

语法格式 2:将 value 的值储存到指定对象的属性中。

```
<c:set value=" value"  target=" target"  [property=" propertyName"  />
        需要保存的值        变量名        变量的作用范围
```

② < c:out > 标签

功能描述:用于在 JSP 中显示数据。

语法格式:

```
<c:out value=" value"  [escapeXML="  {true|false}" ]
[default=" defauleValue"  />
                需要显示的值                是否需要进行特殊字符的转换
        当value为null时输出此值
```

③ < c:if >

功能描述:用于在 JSP 页面中进行条件判读的流程控制,作用与 if 一样。

语法格式:

```
<c:if test=" testCondition" [var=" varName" ] [scope="
page|request|session|application"  >
        条件表达式        存放条件表达式值的变量        var变量的作用范围
```

满足条件时将执行的代码段

```
</c:if >
```

④ < c:forEach >

功能描述:用于在 JSP 页面中进行循环控制,当条件成立时循环执行 < c:forEach > 标签体中的代码段,常用于遍历集合对象中的成员。

语法格式 1:遍历集合对象中的成员。

```
< c: forEach items = " collection"          //将被遍历的集合对象
        begin = " begin"          //开始的位置,必须大于或等于0
```

```
                end = "end"                    //结束的位置,默认为最后一个成员
                [step = "step"]                //每次循环的增量值(步长值),默认为1
                [var = "varName"]              //指向当前成员的引用(变量名)
          [varStatus = "varStatusName"] >         //存放当前成员相关信息的变量,该
```
变量常用的4个属性为:index:当前成员的索引值;count:共访问过的成员总数;当条件满足时被循环执行的代码段,first:当前成员是否为第一个成员;last:当前成员是否为最后一个成员。
```
          </c:forEach >
```

语法格式2:循环指定次数。

```
    <c: forEach begin = "begin"            //开始的位置,必须大于或等于0
                end = "end"                //结束的位置,默认为最后一个成员
                [step = "step"]            //每次循环的增量值(步长值),默认为1
                [var = "varName"]          //指向当前成员的引用(变量名)
      [varStatus = "varStatusName"] >          //存放当前成员相关信息的变量,该变量常用
```
的4个属性为:index:当前成员的索引值;count:共访问过的成员总数;当条件满足时被循环执行的代码段,first:当前成员是否为第一个成员;last:当前成员是否为最后一个成员。
```
    </c:forEach >
```

(4)SQL标签库

SQL标签库主要为常见的数据库操作,如查询、更新及设置数据库连接等提供了定制标签。在这里有一点必须说明,SQL标签库没有提供连接池功能,因此在较大型的数据库应用开发项目中,不宜使用。

凡是要用到SQL标签库的JSP页面,均要使用 < %@ taglib % > 指令设定 prefix 和 uri 的值。例如:

```
    < %@  taglib prefix = "sql" uri = "http://Java. sun. com/jsp/sql" % >
```

下面介绍SQL标签库中的最常用的几个标签。

① < sql:setDataSource > 标签

功能描述:在JSP页面中用来设置数据源。

语法格式1:直接使用已存在的数据源。

```
    < sql:setDataSource
          dataSource = "dataSource"                        //数据源名称
          [var = "varName"]                                //存放数据源的变量
          [scope = " {page|request|session|application} "]/ >   //var 变量的作用范围
```

语法格式 2:通过 JDBC 与数据库建立连接。

```
< sql :setDataSource
    driver = " driverClassName"                              //JDBC 驱动程序类名
    user = " userName"                                       //连接到数据库所用的用户名
    password = " password"                                   //连接到数据库所用的密码
    url = " jdbcUrl"                                          //连接数据库所用的 URL
    [ var = " varName" ]                                      //存放数据源的变量
    [ scope = " {page|request|session|application}" ] / >     //var 变量的作用范围
```

② < sql:query > 标签和 < sql:param > 标签

功能描述:在 JSP 页面中用来查询数据库。

语法格式 1:将 SQL 语句当作 < sql:query > 标签的属性值。

```
< sql :query
    sql = "sqlQuery"                                   //查询数据库的 sql 语句
    var = "varName"                                    //存放查询结果的变量,该变量有 5 个属性:
```
rows:可通过字段名访问的查询结果集;rowsByIndex:可通过字段索引访问的查询结果集;columnNames:字段名;rowCount:查询到的记录条数;limitedByMaxRows:受限最大记录数。
```
    [ scope = " {page|request|session|application}" ] >      //var 变量的作用范围
    [ dataSource = "dataSource" ]      //数据源名称
    [ maxRows = "maxRows" ]            //设定最大记录行数
    [ startRow = "startRow" ] / >      //设定起始记录行号
```

语法格式 2:将 SQL 语句放在 < sql:query > 标签体内。

```
< sql :query
    var = " varName"                                          存放查询结果的变量
    [ scope = " {page|request|session|application}" ] >        //var 变量的作用范围
    [ dataSource = "dataSource" ]                             //数据源名称
    [ maxRows = "maxRows" ]                                   //设定最大记录行数
    [ startRow = "startRow" ]                                 //设定起始记录行号
        //查询数据库的 SQL 语句
</sql:query >
```

语法格式 3:使用 < sql:param > 传递动态参数的数据库查询。

```
< sql :query
    sql = "sqlQuery"                                   //查询数据库的 sql 语句
    var = " varName"                                   //存放查询结果的变量
```

```
    [scope = "{page|request|session|application}"] >    //var 变量的作用范围
    [dataSource = "dataSource"]                          //数据源名称
    [maxRows = "maxRows"]                                //设定最大记录行数
    [startRow = "startRow"]                              //设定起始记录行号
        <sql:param value = "value"/>                     //被传递的参数值
</sql:query>
```

③ <sql:update> 标签

功能描述:在 JSP 页面中用来更新数据库中的数据。

语法格式 1:将 SQL 语句当作 <sql:update> 标签的属性值。

```
<sql:update
    sql = "sqlUpdate"                                    //更新数据库的 SQL 语句
    [var = "varName"]                                    //存放被影响记录条数的变量
    [scope = "{page|request|session|application}"] >    //var 变量的作用范围
    [dataSource = "dataSource"]                          //数据源名称
```

语法格式 2:将 SQL 语句放在 <sql:update> 标签体内。

```
<sql:update
    [var = "varName"]                                    //存放被影响记录条数的变量
    [scope = "{page|request|session|application}"] >    //var 变量的作用范围
    [dataSource = "dataSource"]                          //数据源名称
        //更新数据库的 SQL 语句
</sql:update>
```

语法格式 3:使用 <sql:param> 传递动态参数的数据库更新。

```
<sql:update
    sql = "sqlUpdate"                                    //更新数据库的 SQL 语句
    [var = "varName"]                                    //存放被影响记录条数的变量
    [scope = "{page|request|session|application}"] >    //var 变量的作用范围
    [dataSource = "dataSource"]                          //数据源名称
        <sql:param value = "value"/>                     //被传递的参数值
    </sql:update>
```

【实训演示】

1. <c:set> 用法举例

```
<c:set value = "10"  var = "r"  scope = "page"/>
<c:set value = "米"  var = "unit"  scope = "page"/>
<c:set value = "${pageScope.r * pageScope.r * 3.14}"  var = "area" scope = "page"/>
```

半径为\${pageScope. r}\${pageScope. unit}的圆面积为:\${pageScope. area}平方\${pageS-
cope. unit}

输出结果:"半径为 10 米的圆面积为:314.0 平方米"

2. <c:out>用法举例

```
计算单位: <c:out value = "${pageScope. unit}"    default = "厘米"/>
圆的半径: <c:out value = "${pageScope. r}"    default = "0"/>
圆的面积: <c:out value = "${pageScope. area}"    default = "0"/>
```

3. <c:if>用法举例

```
<%@ page language = "Java" import = "Java. util. * " pageEncoding = "gb2312" %>
<%@ taglib prefix = "c" uri = "http://Java. sun. com/jsp/jstl/core" %>
<html>
<head> <title>if 标签应用示例</title> </head>
<body>
<h2>if 标签应用示例</h2>
<c:if test = "${param. name = = "liubin"}"    var = "result">
    刘斌,你好! <br>
</c:if>
条件判断的结果为:${result}
</body>
</html>
```

4. <c:forEach>用法举例(foreach. jsp)

```
<%@ page language = "Java" import = "Java. util. * " pageEncoding = "gb2312" %>
<%@ taglib uri = "http://Java. sun. com/jsp/jstl/core" prefix = "c" %>
<html>
<head> <title>forEach 标签应用示例</title> </head>
<body>
<h2>forEach 标签应用示例</h2>
<%
String[ ]users = {"admin","liubin","guest","user1"};
request. setAttribute("users",users);
%>
<table border = 1 width = 500>
    <tr align = center bgcolor = #dddddd>
        <td>内容</td>
<td>索引值</td>
```

```
<td>共访问过</td>
<td>是否为第一个成员</td>
<td>是否为最后一个成员</td>
    </tr>
    <c:forEach items="${users}" var="user" varStatus="s">
      <tr align=center>
        <td><c:out value="${user}"/></td>
        <td><c:out value="${s.index}"/></td>
        <td><c:out value="${s.count}"/></td>
        <td><c:out value="${s.first}"/></td>
        <td><c:out value="${s.last}"/></td>
      </tr>
    </c:forEach>
</table>
    <c:forEach var="num" begin="1" end="5">
      <c:out value="${num}"/>的平方是:
      <c:out value="${num*num}"/><br>
    </c:forEach>
</body>
</html>
```

运行结果:

forEach标签应用示例

内容	索引值	共访问过	是否为第一个成员	是否为最后一个成员
admin	0	1	true	false
liubin	1	2	false	false
guest	2	3	false	false
user1	3	4	false	true

```
1的平方是: 1
2的平方是: 4
3的平方是: 9
4的平方是: 16
5的平方是: 25
```

下面的例子是一个固定次数的迭代,用来输出 1 到 9 的平方。

```
<c:forEach var="x" begin="1" end="9" step="1">
      ${x*x}
</c:forEach>
```

下面的例子实现表格隔行背景色变化。

```
<c:forEach var="item" items="${contents}" varStatus="status">
    <tr
```

```
< c : if test = "${ status. count% 2 = = 0}" > bgcolor = "#CCCCFE"   </c : if > align = " left"
>

        xxxxxxxxxxxx
    </tr >
</c : forEach >
```

5. < sql : setDataSource > 用法举例

```
< sql : setDataSource    driver = "com. mysql. jdbc. Driver"    user = "root" password = "
123456" url = "jdbc : mysql : //localhost : 3306/bookshop"    var = "mysqlcon"/ >
```

6. < sql : query > 用法举例（query. jsp）

```
< % @  page language = "Java" import = "Java. util. * " pageEncoding = "gb2312" % >
< % @  taglib uri = "http : //Java. sun. com/jsp/jstl/core" prefix = "c" % >
< % @  taglib uri = "http : //Java. sun. com/jsp/jstl/sql" prefix = "sql" % >
< html >
< head > < title > query 标签应用示例 </title > </head >
< body >
< h2 > query 标签应用示例 </h2 >
< sql : setDataSource
      driver = " com. mysql. jdbc. Driver"
      user = " root"
      password = "123456"
      url = "jdbc : mysql : //localhost : 3306/bookshop"/ >
< sql : query sql = " select  * from book" var = " result"/ >
共找到${ result. rowCount} 条记录：
< table border = 1 width = 660 >
    < tr bgcolor = "#dddddd" >
        < td align = " center" width = 80 > 书名 </td >
< td align = " center" width = 80 > 作者 </td >
< td align = " center" width = 80 > 出版社 </td >
</tr >
< c : forEach items = "${ result. rows}" var = " row" >
    < tr >
        < td align = " center" width = 80 >${ row. name} </td >
< td align = " center" width = 80 >${ row. author} </td >
< td align = " center" width = 80 >${ row. publisher} </td >
    </tr >
</c : forEach >
</table >
```

```
</body >
</html >
```

运行结果：

```
query标签应用示例
```

共找到11条记录：

书名	作者	出版社
七剑下天山	梁羽生	青年出版社
圣经故事	未知	外文出版社
三国演义 (插图版)	罗贯中	少年儿童出 版社
伊索寓言 (英文版)	伊索	外文出版社
全球通史	斯塔夫里阿 诺斯	教育出版社
处事36计	和事	青年出版社
人间词话	王国维	教育出版社
红楼梦	曹雪芹	青年出版社
爱的艺术	弗洛姆	外文出版社
第二性	西蒙. 波娃	外文出版社
水浒传	施耐庵	人民出版社

7. < sql：update > 用法举例

```
< sql :update
    sql = " insert into book( name , author , publisher) values( ? , ? , ?) " >
        < sql:param value = "彷徨"/ >
        < sql:param value = "鲁迅"/ >
        < sql:param value = "人民文学出版社"/ >
</sql:update >
```

【要点小结】

常用的 JSP 标准标记库（JSP Standard Tag Library , JSTL）有 c：forEach、c：if、c：out、sql：setDataSource、sql：query 等标记，它们是一个实现 Web 应用程序中常见的通用功能的定制标记库集，这些功能包括迭代和条件判断、数据管理格式化、XML 操作及数据库访问等。JSTL 的使用能提高 Web 应用程序的开发效率、程序的可阅读性和可维护性。

这些标记库已经实现了大量服务器端 Java 应用程序常用的基本功能，只要将 jstl. jar 和 standard. jar 复制到自己 Web 应用程序的 WEB-INF/lib 目录下便可使用 JSTL 了。

注意：Tomcat 6 下用的是 jstl1.2 和 standard 1.0，而 Tomcat 5 下要用 jstl1.1 和 standard1.1，否则 JSTL 标签将无法正常运行。

【课外拓展】

将网上书店的部分网页中的动态代码段改造成用 JSTL 标签的代码。

项目九　网上书店网站发布

任务 1　网站集成测试

【任务目标】

1.熟悉网站测试技术。

2.掌握网站项目集成技术。

3.掌握网站项目发布资料整理方法。

【任务描述】

1.能熟练书写网站测试分析报告。

2.能熟练整理网站各类文件。

【理论知识】

1.测试的目的

为了保证系统的正确性,当系统设计人员制作完成所有网页后,需要对所设计的系统进行审查和测试。测试的目的就是在软件投入生产运行之前,尽可能多地发现软件中的错误。目前软件测试仍然是保证软件质量的关键步骤,它是对软件规格说明、设计和编码的最后复审。

系统测试主要由功能性测试和完整性测试组成。功能性测试是保证系统的可用性,检查是否达到设计规划的功能;完整性测试是保证系统中所有页面内容显示正确、链接准确、无差错等。系统发布前要进行仔细周密的测试,以保证用户正常浏览和使用。如服务器的稳定性和安全性;程序及数据库测试;兼容性测试;等等。站点的测试主要包括查看超级链接、验证超级链接、修复超级链接、更新超级链接以及测试网络链接等。

系统测试工作主要有:功能测试、性能测试、可用性测试、安全测试和客户端兼容性测试等。

(1)功能测试

测试系统能否正常运行,表单是否正确和完整,运行程序是否正确。在动态页面中大量采用数据库,必须保证数据库和网页的正确链接和使用,字段的一致性等。

(2)性能测试

主要有连接速度测试、系统的长期运行的稳定性测试、承受负载大小的测试等。

（3）可用性测试

主要有内容测试、导航测试、界面测试。

（4）客户端兼容性测试

主要是针对不同的用户端配置能否正常工作，如操作系统，屏幕分辨率等。

（5）安全测试

主要是对数据、数据的传输、接口等进行安全性测试，保证信息的安全畅通，防止恶意破坏等。

2. 测试的基本方法

测试任何产品都有两种方法：如果已经知道了产品应该具有的功能，可以通过测试来检验每个功能是否都能正常工作，这种方法称为黑盒测试；如果知道产品内部的工作过程，可以通过测试来检验产品内部动作是否按照规则说明书的规定来正常执行，这种方法称为白盒测试。

3. 测试常用技巧

（1）边界测试。测试用户输入框中的数值的最大数和最小数，以及为空时的情况。

（2）非法测试。非法测试就是进行非规范测试，例如在该输入数字的地方输入字母或特殊字符，邮政编码输入不是六位的数字等。

（3）仿真测试。仿真用户的一个完整的操作过程，跟踪所产生的数据流程，验证数据的正确性，找出各种 BUG。

（4）接口测试。程序往往在接口的地方很容易发生错误，这也是需要重点测试的地方。

（5）代码重用测试。

（6）突发事件测试。

（7）外界环境测试。

（8）相关性测试。

（9）重复测试。

（10）文字测试。

【实训演示】

1. 网上书店文件目录结构

网上书店文件目录结构如图 9.1 所示。

本系统保存在 bookonline 文件夹下，该文件夹被置于 Tomcat 安装路径下的 webapps 目录中。其中 data 目录下存放数据库文件，utility 目录中保存可复用的代码文件，source 目录中存放图片和其他界面设计相关资源。WEB-INF 的 classes 目录中存放的是经编译后的 Java 类文件，WEB-INF 的 lib 目录中存放的是项目需要的从外部导入的各种类库，如连接数据库的 jdbc 驱动、上传组件、JSTL 标签库等。注意，Java 源代码不需要发布到服务器上。

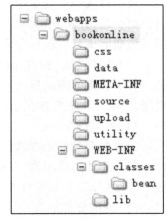

图 9.1　文件目录结构

2. 可复用文件及网站主页代码

(1) CSS 样式表文件

样式表也称为 CSS,它允许网页设计者自定义网页元素的样式,包括字体、颜色及其他的高级样式。CSS 只是与网页样式有关,并不涉及网页功能。bookshop.css 是系统的 CSS 样式表文件,该文件位于 source 文件下。此外,部分网页还使用了 CSS 文件夹下的 style.css 样式表文件。

(2) 网页元素文件

在 utility 文件夹中存放着一些 JSP 文件,这些文件都不是完整的 JSP 页面,它们包含的是一些页面元素,以供其他的 JSP 页面通过 include 调用。其中,siteName.jsp 用于显示书店标题;navigation.jsp 是导航条元素文件;bar.jsp 负责分隔条的显示;scriptFunction.jsp 和 scriptMenuItem.jsp 用于实现一些页面的动态效果;copyRight.jsp 提示了版本信息;menu.jsp 和 adminMenu.jsp 分别定义的是用户系统页面菜单和管理系统页面菜单。

(3) Servlet 公用类

在 bean 目录下有两个公用类文件,DBClass.java 和 StrClass.java(编译后的字节码文件)。DBClass 是负责数据库操作的公用类,该类含有对数据库操作的各种方法,如数据库连接、查询、更新数据以及关闭数据库连接等。StrClass 是负责对字符串进行检查和转换的公用类,在此系统中,经常需要判断字符串是否为数字或 E-mail 地址等,该类就提供了处理方法。

(4) web.xml

对每一个 Servlet 都需要在 web.xml 进行配置,该文件位于 WEB-INF 文件夹下。

3. 网上书店的测试

(1) 单元测试(模块测试)

把系统的各个模块看成一个个独立的小子系统进行测试。以登录模块为例,在用户登录模块中登录时,当用户名或密码不正确时,系统应提示:"用户名不正确"或"密码不正确",如果结果和预期的相同就表示无错误,否则就是某些地方出了错误。

(2) 集成测试(子系统测试和系统测试)

采用自底向上的增集成方式进行测试。将本图书网站中的各个模块按照实际调用顺序组装到一起,并从子系统开始运行一遍,完成了对子系统测试,一个完整的系统也就形成了。使用集成测试可以较早发现各个模块之间的接口存在的错误和问题。

(3) 确认测试(验收测试)

有了前面的测试后,一些系统内的错误被发现进而被修改。经过一次完整的全部功能使用,完成一次完整的黑盒测试。对系统再做一次检验。

(4) 测试结果

经过各个阶段的测试发现了许多问题,并经一一修正了系统中的多处错误,终于整个系统的错误降低到最小值,本系统得到了进一步完善,软件的质量得到了保证。经过一定时间的平行运行,基本上达到预期的目的。

(5) 测试分析报告

测试作为软件开发的一个里程碑式的重要环节,应有相应的软件文档作为该阶段工作成果来验收。测试分析报告作为测试阶段的软件文档,一般包含以下内容:

①基本信息:测试项目、测试方案、测试对象描述、测试环境描述、测试驱动程序描述、测试人员、测试时间等;

②测试记录:测试分析报告的核心部分是针对每个模块的每个功能进行逐一测试。一般以表格的形式,按模块、按功能逐个记录每个测试用例的测试经过,并记录测试结果是否通过,若没有通过,需要确定缺陷等级。缺陷等级一般有严重(如导致系统崩溃、数据无法写入读出等)、中等(如系统运行不稳定、数据写入偶尔不完整等)、轻微(如提示信息不明确、界面不友好等)、可忽略(如界面的字体或颜色、排列次序等)。

以"用户注册"功能为例,测试内容如下:

序号	测试经过	是否通过	缺陷等级
1	昵称、密码、确认密码、提示问题、问题答案、卡号、密码输入框中任意一个为空时,系统提示"您没有输入＊＊,请输入!"; 昵称、密码、确认密码、提示问题、问题答案、卡号、密码不为空时,可提交成功。	通过	
2	当密码和确认密码输入不一致时,系统提示"您两次输入的密码不一致",当密码和确认密码一致时(其他输入框没有出现空框),提交成功。	通过	
3	当卡号密码和卡号确认密码输入不一致时,系统提示"您两次输入的卡号密码不一致"。 当卡号密码和卡号确认密码输入一致时(其他输入框没有出现空框),提交之后,提示"注册成功"。	通过	
4	当不出现以上问题并提交之后,系统提示"注册成功",并将账号显示给用户。	通过	
5	当输入一个已经注册过的账号时,系统没有任何提示,出现死机。	没有通过	严重

【要点小结】

软件测试是软件生命周期中的一个重要步骤,测试的目的不是验证软件的正确性,而是发现软件存在的问题,并加以改进。软件测试相关的文档有测试计划和测试分析报告。

【课外拓展】

完成网上书店系统测试,书写软件测试报告。

任务2　网站发布

【任务目标】

1.了解域名申请流程。

2.了解网站发布知识。

3.了解网站维护知识。

【任务描述】

1.会申请域名和空间。

2.能熟练维护网站的页面、程序代码及更新数据等。

【理论知识】

制作完成的网站需要发布到 Internet 上，才能让所有人访问到网站上的各种信息。

1. 站点发布的准备

发布网站之前应首先对网站进行测试与整理。主要工作包括：网页程序是否运行正常；网站中所有文件的链接是否正确，有没有断开的链接；网页在不同分辨率（主要是 1024 × 768 与 800 × 600 两种）的显示器下浏览能否正常显示；在不同版本的浏览器下能否正常显示；网站的文件是否冗余等，通过对站点进行整理，构建一个结构比较合理、资源不冗余的本地站点，为发布网站做好准备。

Dreamweaver 为整理站点提供了多种方法。使用"检查超链接"的方法，可以迅速地找出网站中无效的链接。

（1）操作步骤

①打开自己的站点。

②选择"站点"→"检查站点内所有链接"。"断开的链接"报告出现在"结果"面板下的"链接检查器"面板中。

③在"链接检查器"面板中，从"显示"弹出菜单中选择"外部链接"或"孤立的文件"，可查看其他报告。

（2）修复断开的链接

在运行链接报告之后，可直接在"链接检查器"面板中修复断开的链接和图像引用，也可以打开文件，然后在属性检查器中修复链接。如图 9.2 所示。

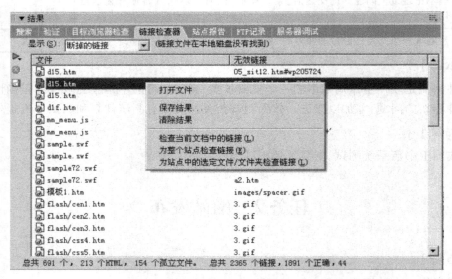

图 9.2　修复断开的链接

方法一：在"链接检查器"面板中修复或删除链接。

①在"链接检查器"面板中选择"断开的链接"，单击文件夹图标浏览到要链接的正确文件或者键入正确的路径和文件名。

②在"链接检查器"面板中选择"断开的链接"，双击"断开的链接"，将断开的链接

删除。

方法二：在属性检查器中修复链接。

在"链接检查器"面板中双击"文件"列中的要修改的文件,打开该文档或用鼠标右键点击要修改的文件,在快捷菜单中选择"打开文件",在打开的文件中选择有问题的图像或链接,在属性面板上链接框中进行修改。

2. 网站发布

局域网发布:若你在调试的时候是用本机 http://127.0.0.1:8080/项目名,一般在浏览器上把本机地址换成你机器的真实 IP 地址,就可以访问了,无须任何设置。

广域网发布:首先说下原理,当你做成一个网站后,先申请一个域名和空间,空间申请是要支持 JSP 的,这样才能把制作好的网页放到 WWW 服务器上,以供访问浏览。域名在哪里申请都一样,价格也比较透明,一般互联网上此类服务公司很多,比较有名的有万网等。

域名就是互联网络上识别和定位计算机的层次结构式的字符标识,与该计算机的互联网协议(IP)地址相对应。它用来替代 IP 地址以方便浏览者访问,因此它具有全球唯一性和全球可访问性的特征,也就是用来表示一个单位或机构在 Internet 上有一个确定的名称或位置的。

域名的类型有,国际顶级域名:.com 表示商业机构,.net 表示网络服务机构,.org 表示非营利机构,.gov 表示政府机构,.edu 表示教育机构,.biz 表示商业机构,.info 表示信息服务机构,.tv 表示视听电影服务机构,.name 表示用于个人的顶级域名;CN 顶级域名:.cn,.com.cn,.net.cn,.org.cn,.gov.cn;中文域名:人文旅游.com,电脑报.com 等。

网站空间指能存放网站文件和资料,包括文字、文档、数据库、网站的页面、图片等文件的容量。空间大放的东西就多,空间小放的东西就少。一般企业网站需要的空间容量有 100M 至 300M 就够用了,需要放较多视频文件的除外,视频文件通常都比较大。网站空间申请有收费和免费两种,目前有许多著名网站都有免费空间可以申请,如免费 Java 空间、免费 asp.net 空间等,还要注意免费空间支持哪种数据库。

网站空间大小以"M"为单位,"M"就是"兆",1024M=1G。网站空间也叫虚拟主机或服务器空间,笼统点说,也可以说是存放网站内容所占用的服务器空间。一般俗称的"网站空间"就是专业名词"虚拟主机"的意思,就是把一台运行在互联网上的服务器划分成多个"虚拟"的服务器,每一个虚拟主机都具有独立的域名和完整的 Internet 服务器(支持 WWW、FTP、E-mail 等)功能。

当通过网站空间申请后,可以获得上传的数据信息,主要包括:用户的网站应放置的目录、主页文件名、上传的服务器名、使用用户的用户名和登录密码等。然后到你申请域名的公司让他们帮你做一下 IP 解析,解析到你空间的 IP 地址上,接着把你做好的网站上传到你的空间里就可以了。

申请了域名之后,还需要拥有存放信息的服务器空间(又称虚拟主机),才能使访问者在网上看到信息,这个空间和上面的信息,统称为网站。如果申请的域名为 abc.com,同时又申请了网站空间,该网站的网址即为 www.abc.com,那么全世界上网的人均可访问到该网站。网址的作用类似于信封上的邮寄地址,它是 Internet 上的重要标识,在 Internet 上没有重复的网址,即网址具有唯一性。

可以采用多种方式上传网站。可以使用 Dreamweaver 网站上传功能,也可以使用 FTP 的方式上传网站。本文介绍使用 Dreamweaver 上传网站的方法。如果远端站点位于一个

FTP 服务器上,应设置通过 FTP 的方式访问远端站点。

(1)设置 FTP 访问的远端站点方法

①打开站点定义中远程信息设置对话框。如图 9.3 所示。

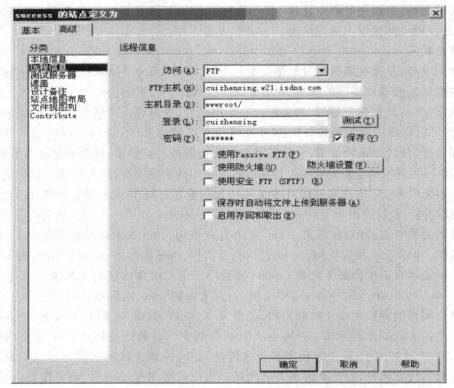

图 9.3　远程信息设置对话框

②设置访问类型为 FTP。

③输入 Web 站点的文件上传到的 FTP 主机的主机名(FTP 主机名由 ISP 服务商提供)。

④输入在远程站点上文档的主机目录。

⑤输入用于连接到 FTP 服务器的登录名和密码(如果希望每次连接到远程服务器时 Dreamweaver 不再提示输入密码,选择"保存"复选框)。

如果防火墙配置要求使用被动式 FTP,选中"使用被动式 FTP"复选框。如果从防火墙后面连接到远程服务器,请选中"使用防火墙"复选框,并单击"防火墙设置"编辑防火墙主机或端口。

⑥设置完毕后上网并点击测试按钮进行测试。

(2)网站文档的上传和下载

在远端站点建立之后,连接到服务器就可以开始网站文档的上传和下载操作。这种操作通过单击站点面板上的"获取文件"按钮和"上传文件"按钮来实现。

①打开站点,打开文件面板,点击文件面板上的展开/折叠按钮。

②上网后点击连接按钮,连接完成后,右侧窗口为本地机网站目录,左侧窗口为上传服务器远端站点目录。如图 9.4 所示。

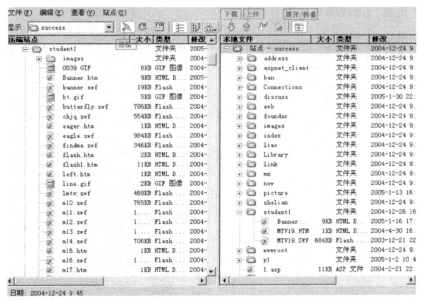

图 9.4 本地机和远端服务器文件目录

③在本地站点选择要上传的文件或文件夹。

④单击"文件"面板工具栏上的"上传"按钮即可。

使用 FTP 的方式上传网站,需要下载和安装 FTP 上传软件。如使用 CuteFtp 上传,步骤如下:

①打开 FTP,弹出"站点管理器",点击左下面的"新建"。如图 9.5 所示。

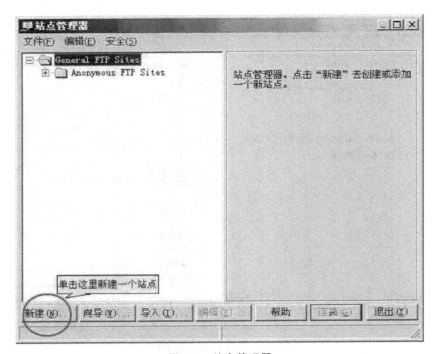

图 9.5 站点管理器

②点击"新建",出现图9.6所示界面。

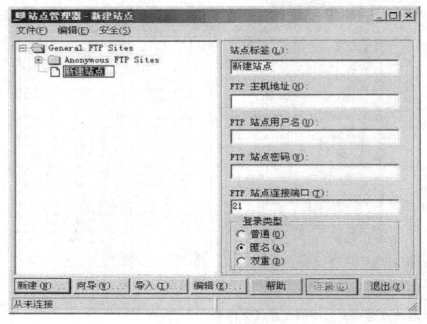

图 9.6　新建站点窗口

③然后在右边对话框中输入站点标签(如 abc.com),输入主机地址、用户名、密码和登录类型(选择"普通"),输入完成后,点击下面菜单栏的"连接"即可登录到空间。如图9.7所示。

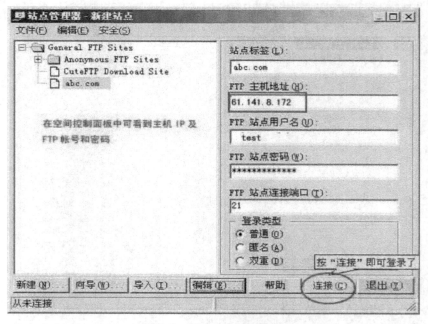

图 9.7　新建站点标签设置

④连接成功后你可看到远程服务器上面的内容,选中本地的文件右击选择上传就可以了。如图9.8所示。

图9.8　上传文件窗口

3.网站维护与推广

(1)网站维护

①制定相关网站维护的规定,将网站维护制度化、规范化。

②服务器及相关软硬件的维护,对可能出现的问题进行评估,规定响应时间。

③数据库维护,有效地利用数据是网站维护的重要内容,因此数据库的维护要受到重视。

④内容的更新、调整等。

(2)网站优化

①浏览器兼容性分析。

②给网页减肥。

③尽量使用静态 HTML 页面。

④优化关键字(词)。

⑤合理使用 < table > 标签。

⑥合理安排网站导航。

⑦正确设计网站首页结构。

⑧提升页面链接广泛度。

(3)网站故障排除

排除网站故障主要是网站程序上的错误,主要有:

①Javascript 脚本出错。

②网页中字体显示不正常。

③网页背景色显示不正常。

④找不到网页文件。

⑤访问人数太多而拒绝访问。

⑥域名解析出错。

⑦黑客攻击。

⑧Web 服务器故障。

⑨网站服务器硬件故障。

（4）网站推广

①搜索引擎推广法。搜索引擎推广是指利用搜索引擎、分类目录等具有在线检索信息功能的网络工具进行网站推广的方法。

②电子邮件推广法。电子邮件推广法主要是先建立邮件列表，既可以自己日积月累也可以从信息服务商那里获取，通常这样的邮件列表用户是同意接收某些商业邮件信息的，是得到用户许可的。

③资源合作推广法。每个网站都有一定的访问量，如果内容上有关联的网站能进行交换链接或互惠链接，即分别在自己的网站上放置对方网站的 LOGO 或网站名称并设置对方网站的超级链接，使得用户可以从合作网站中发现自己的网站，达到互相推广的目的。

④信息发布推广法。信息发布也是网站推广的常用方法之一，是将网站中的部分信息（如产品信息、新闻信息、促销信息、服务信息、供求信息等）发布到其他潜在用户可能访问的网站上，利用用户在这些网站获取信息的机会实现网站推广的目的，适用于这些信息发布的网站包括在线黄页、分类广告、论坛、博客网站、供求信息平台、行业网站等。

⑤病毒性营销法。病毒性营销方法并非制造病毒、传播病毒，而是利用用户之间的主动传播，让信息像病毒那样扩散，从而达到推广的目的。

⑥快捷网址推广法。也就是合理利用网络实名、通用网址以及其他类似的关键词网站快捷访问方式来实现网站推广的方法。

⑦网络广告推广法。

⑧发表评论推广法。

⑨网下辅助推广法。

⑩网站互动推广法。

4．网站的安全管理

故障管理：为确保网络系统的高稳定性，在网络出现问题时，必须及时察觉问题的所在。它包含所有节点运作状态、故障记录的追踪与检查及平常对各种通信协议的测试。

效率管理：在于评估网络系统的运作，统计网络资源的运用及各种通信协议的传输量等，更可提供未来网络提升或更新规划的依据。

安全管理：为防范不被授权的用户擅自使用网络资源，以及用户随意破坏网络系统的安全，要随时做好安全措施，如合法的设备存取控制与加密等。

各个应用功能子系统的更新、扩展、升级等各个环节缺一不可。所以要学会相关技能：

（1）建立完整的档案

有完整地使用日志、维护日志等;建立健全各种规章制度,如网络使用规范、上网规范、操作管理制度等。

（2）资源管理

网站的内容需要在使用中不断充实、完善,网页上的所有栏目都要及时更新。

（3）用户管理

用户注册过程完成后,管理员还应按照系统的安全策略、管理策略的命名规则等将用户放入不同的用户组之中。

用户删除后,记住把其名字放入本地的已注销用户组中,以防止该用户继续使用其用户标识符文件访问本系统中的信息。系统管理人员行使管理职能时必须使用其个人用户标识符文件,除非在极特殊情况下,才可操作服务器进行管理。

【要点小结】

1. 网站发布就是把开发完成的项目(包括数据库)拷贝到互联网上的一个服务器上,需要申请服务器空间来存放项目代码和数据库,为了访问方便,需要申请域名来取代 IP 地址。

2. 网站发布后,除了需要宣传提高网站的访问量外,重要的是不断对网站进行信息更新和程序缺陷的修补;随着市场需求的不断变化,需要对部分页面进行改造甚至是对整个网站进行全面改版,这些工作统称为网站维护。

【课外拓展】

1. 在互联网上搜索域名申请的公司,并为自己的项目设置一个域名,检查该域名是否已被抢注。了解网站空间的租赁价格及其差别。

2. 了解机房管理制度,并为自己的网站制定一个日常维护及更新的制度。

3. 上网查找有关网站监控与恢复系统的介绍资料(至少了解三种不同的产品),深入了解网站故障发生的原因及其解决办法。